项目效果彩图展示区

图 3.1.1　水中秋叶效果

图 3.2.1　奥运五环效果

图 3.3.1　透明水珠效果

图 3.4.1　质感文字效果

图 3.5.1　水晶魔球效果

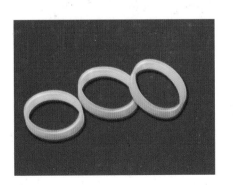

图 3.6.1　玉镯子效果

图 3.7.1　玉兔效果

图 3.8.1　新年贺卡效果

图 4.1.1　黑白照片上色效果

图 4.2.1　图像任意更改效果

图 4.3.1　黑白照片制作效果

图 4.4.1　清晰照片制作效果

图 4.5.1　曝光过度照片校正效果

图 4.6.1　曲线调整天空颜色效果

图 4.7.1　旧照片去黄效果

图 4.8.1　战争效果

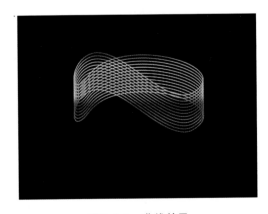

图 5.1.1　曲线效果

图 5.2.1　工笔白描效果

图 5.3.1　宠物爪图框效果

图 5.4.1　光束字效果

图 5.5.1　金属边框花纹底字效果

图 5.6.1　邮票和邮戳效果

图 5.7.1　光影壁纸效果

图 5.8.1　摩托罗拉 VI 制作效果

图 6.1.1　投影文字效果

图 6.2.1　火焰字效果

图 6.3.1　立体字效果

图 6.4.1　珐琅字效果

图 6.5.1　更换背景效果

图 6.6.1　旅游宣传册插图效果

图 6.7.1　小说封面效果

图 6.8.1　去除雀斑效果

图 7.1.1　封面效果

图 7.2.1　绚丽花朵效果

图 7.3.1　清凉水波效果

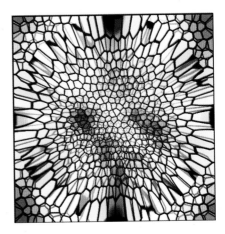

图 7.4.1　玻璃网效果

图 7.5.1　镂空字效果

图 7.6.1　007 海报效果

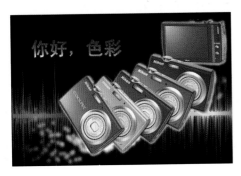

图 7.7.1　相机广告效果

图 7.8.1　ROCK 封面效果

图 8.1.1　水晶字效果

图 8.2.1　羽化边反白字效果

图 8.3.1　投影字效果

图 8.4.1　立体字效果

图 8.5.1　钻石字效果

图 8.6.1　亮光放射字效果

图 8.7.1　花瓣字效果

图 8.8.1　纸片字效果

图 9.1.1　网上房交会宣传单效果

图 9.2.1　信息港招商宣传单效果

图 9.3.1　手机促销宣传单效果

图 9.4.1　房地产公司宣传单效果

图 10.1.1　希望工程宣传画效果

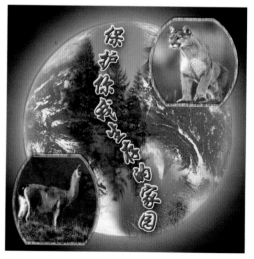

图 10.2.1　环护宣传画效果

图 10.3.1　禁烟宣传画效果

图 10.4.1　节约用水宣传画效果

图 11.1.1　香水招贴效果

图 11.2.1　演奏会海报效果

图 11.3.1　音乐剧演出海报效果

图 11.4.1　李宁特卖招贴效果

图 12.1.1　生日贺卡效果

图 12.4.1　发型师名片效果

图 12.2.1　专卖店会员卡效果

图 12.3.1　蛋糕店代金卡效果

图 13.1.1　商场吊挂 POP 广告效果

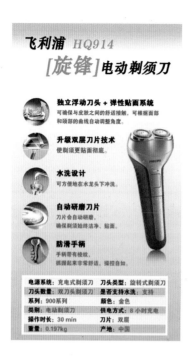

图 13.2.1　飞利浦剃须刀柜台展示 POP 广告效果

图 13.3.1　咖啡壁面 POP 广告效果　　图 13.4.1　美容院地面立式 POP 广告效果

卓越系列·高职高专工作过程导向"六位一体"创新型系列教材

Photoshop
快速入门与实例教程

编　　著	邓朝晖	
参　　编	王　梓	喻　蓉
	李玲林	刘建高
	林　云	王　晶
行业指导专家	赵　松	

天津大学出版社
TIANJIN UNIVERSITY PRESS

内 容 提 要

本书全面地讲解了 Photoshop 的基本操作方法,图形图像的处理技巧及利用 Photoshop 进行图像设计与制作的创意、方法和技巧。本书共分为三个教学模块:模块一讲解了 Photoshop 界面操作及工具操作实例;模块二讲解了 Photoshop 基础技能实例;模块三通过对 Photoshop 综合实例的讲解,提高读者对 Photoshop 的综合应用能力和创作技巧。每个模块由若干个项目构成,每个项目又细分为一个个具体任务。在模块二和模块三中,都配有相关课后练习实例,以便复习巩固。

本书内容丰富实用,融入了编著者大量的实际教学经验,可操作性强,可作为高职高专平面设计类课程的教材,也可作为社会培训班及平面设计爱好者的自学参考书。

图书在版编目(CIP)数据

Photoshop 快速入门与实例教程/邓朝晖编著. —天津:天津大学出版社,2012.8
　(卓越系列)
高职高专工作过程导向"六位一体"创新型系列教材
ISBN 978-7-5618-4433-5

Ⅰ.①P…　Ⅱ.①邓…　Ⅲ.①图像处理软件 – 高等职业教育 – 教材　Ⅳ.①TP391.41

中国版本图书馆 CIP 数据核字(2012)第 187054 号

出版发行	天津大学出版社
出 版 人	杨欢
地　　址	天津市卫津路 92 号天津大学内(邮编:300072)
电　　话	发行部:022-27403647
网　　址	publish. tju. edu. cn
印　　刷	天津泰宇印务有限公司
经　　销	全国各地新华书店
开　　本	185mm×260mm
印　　张	16.75　16 页彩插
字　　数	443 千
版　　次	2012 年 8 月第 1 版
印　　次	2012 年 8 月第 1 次
定　　价	38.00 元

卓越系列·高职高专工作过程导向"六位一体"创新型系列教材

编审委员会

顾　　问：罗海运
主　　任：支校衡
副主任：刘诗安　　曾良骥
成　　员：鲁玉桃　　李波勇　　李景福　　李军雄
　　　　　廖广莉　　徐永农　　肖腊梅　　李文锋
　　　　　包晨阳　　谢平楼　　胡云珍　　谭赞良
　　　　　彭石普　　唐闪光

前言

随着计算机软硬件技术、多媒体技术以及信息技术的迅速发展和网络技术的普及,计算机技术与各行各业的结合已经深入人们日常生活的各个方面,并发挥着巨大的作用。人们对直观地表达更多信息的图形图像技术的需求也日益强烈。

Adobe 公司的 Photoshop 是目前世界公认的权威性图形图像处理软件,被广泛应用于平面设计、印刷、排版、摄影、材质纹理制作、网页制作等诸多领域。当前常用的版本为Photoshop CS3、CS4 和 CS5,它们在保留原有版本特点和优势的基础上,对很多功能做了进一步的强化,功能完善,性能稳定,使用更加方便。

本教材具有以下特色。

(1)教材按照"课堂案例—实践演练—课后练习"这一思路进行编排。通过课堂案例,激发学生学习兴趣;通过案例知识点解析,使学生快速熟悉软件功能及平面设计特色;通过实践演练和课后练习,拓展学生的实际应用能力。

(2)教材内容充分体现职业能力及素质需求分析、课程目标、能力及素质训练项目、职业活动素材、教学做一体化安排、注重项目与过程考核六要素紧密结合的"六位一体"课程教学改革精神。

(3)教材具有完善的知识结构体系。在内容编写方面,力求做到内容全面、重点突出;在文字叙述方面,注意言简意赅、通俗易懂;在实例选取方面,强调实用性与针对性。通过本书的学习,学生可以掌握 Photoshop 应用的基础知识和高级技巧。

本教材还在配套光盘中包含了书中所有实例的素材及效果文件。另外,本书还配备了 PPT 课件和课程整体设计方案。

随着高等职业技术教育的改革与发展,"能力本位"课程观对高等职业技术教育的课程开发产生了重大影响。我们基于现代课程观关于高职课程改革的价值取向,即以职业岗位能力为核心构建课程体系,以职业岗位工作任务、项目为驱动构建课程模块,以平面设计专业职业岗位为背景,并兼顾相关自学需要,编写《Photoshop 快速入门与实例教程》一书。教材的编写基于"六位一体"教学模式,以一种全新的模块式、项目式结构来构架整个教材体系。

(1)教材编写以职业岗位能力为核心,以项目、任务为驱动,形成应用型教学体系。改变传统教材篇、章、节式的编写体例,采用创新性的模块、项目式编写体例,以功能划分模块,每个模块下设若干个任务项目,按"课堂案例—实践演练—课后练习"的思路来编写教材。

(2)教材编著人员"双师"结合,即教师和行业专家结合,把行业的新技术、新标准引入教材内容,并根据行业需要确定教材中各方面知识的比例结构,从而保证了教材内容的质量。

(3)强调能力本位,理论知识以"必需、够用"为原则,符合国家职业教育精神,适合职业教育特点。

本书中使用了方正等字体,学生在实例练习时最好先安装方正字库,当然也可根据自己情况需要,用其他字体代替。另外,本书中还用了 Eye Candy 4.0 和 3D Marker 外挂滤镜,为学习方便,最好在系统中安装这两种滤镜。

本书由邓朝晖主编,参加本书编写工作的还有王梓、喻蓉、林云、李玲林、王晶、刘建高等。全书由李文锋教授审阅。

本书实例中涉及部分公司及商品的名称和形象,分别为各有关公司所有,本书引用仅限于教学目的,借此机会向有关公司致以谢忱。

由于编者水平有限,不足之处在所难免,敬请广大读者批评指正。

编　者

2012 年 5 月

目　录

模块一　快速入门篇

模块二　基础技能实例篇

项目 8　特效文字制作

模块三　综合实例篇

项目 9　宣传单制作

项目 10　公益广告制作

项目 11　海报制作

项目 12　卡片制作

项目 13　POP 广告制作

模块一
快速入门篇

认识 Photoshop

Photoshop 的用途是什么？常见的答案是：Photoshop 就是照片混合软件！确实没有答错，但 Photoshop 的用途远不止这些。在本项目中，首先了解 Photoshop 及其应用范围等宏观内容。通过本项目的学习，可以快速掌握 Photoshop 的基础理论知识和界面操作，有助于更快、更准确地处理图像。

能力目标

◆能根据一定的设计要求选用相应的设计软件。

◆能掌握几种常见的色彩模式和文件格式，为学习图形软件的应用打下基础。

◆能熟练设置 Photoshop 的工作界面。

知识目标

◆认识常用图形处理软件及其特点。

◆理解矢量图和位图的区别及特点。

◆领会色彩模式和文件格式的含义。

◆认识 Photoshop 的界面操作。

项目1.1　图像处理相关概念

任务一　图形处理软件类型及其特点

1. 辅助设计软件

辅助设计也就是用电脑来进行工程设计,相当于把绘图板搬到了计算机上,代表软件有 AutoCAD 等;现在已经有电子线路制图、建筑工程制图、地图、机械设计制图等各类辅助设计软件。

2. 三维动画制作软件

目前,国内用得比较多的三维动画软件是 3Ds Max、Maya 及 XSI。电影《侏罗纪公园》中那些逼真的恐龙和外星生物,一半以上的内容都是在电脑里制作出来的。三维动画软件不仅可以制作电影动画,还被应用在制作效果图上。

另外,有一些小软件也可实现动画或者三维的效果,比如 Cool 3D、Flash 等。Cool 3D 主要用于制作三维效果的文字:输入相应的文字,再选择需要的效果范例,如玻璃、金属、木头效果等,它能自动生成三维图,还可以动起来。Flash 用矢量图的方式来实现动画效果,生成的文件很小,易于在网上传输,也可以用来制作教学课件、游戏、电视片等。

3. 非线性编辑软件

非线性编辑是一种任意组合编辑的方式。

目前流行的 DV 一族,他们自己用 DV(数码摄像机)拍素材,自己下到计算机里进行非线性编辑,然后做成作品给大家观看。比较有名的软件有:Adobe Premiere、After Effects、DF、绘声绘影等。其中,Adobe Premiere 及 After Effects 与 Photoshop 结合得非常好,视频的每一帧都可以在 Photoshop 中进行润色;而绘声绘影是一个面向普通用户的业余性的非线性编辑软件,功能简单,但制作家庭用的 VCD 也还是足够的。

4. 网页设计制作软件

平面设计可以为网页制作准备所需要的图片,甚至做出一个页面,但要使这些图片和页面成为真正的网页,必须由专门的网页设计制作软件来完成。著名的网页设计制作软件有 Dreamweaver、Fireworks、Frontpage 等,由于 Flash 也可以直接输出网页,并且效果还不错,也被视做网页设计制作软件。

5. 平面设计软件

这一类的软件非常多,按照用途来分,可以细分为图像处理软件、绘画软件、制版软件、婚纱照制作软件等,从图像的扫描到制版出片,从美术创作到广告设计,从复杂的效果图制作到一个小书签的制作,几乎都有相应的软件对应。

平面设计人员常常接触的是一些专业优秀、功能齐全的软件,比如 Photoshop、Coreldraw 等。平面设计软件按其对图形的处理方式划分,可以分为矢(向)量绘画软件和点阵绘画(像素处理、位图)软件。

任务二   认识 Photoshop 的应用领域

1. 调整图像

将灰暗的图像调整为干净明亮的图像，或对破损的旧图像进行修复和修正等，可以通过对相关图像进行颜色操作来实现，如图 1.1.1 至图 1.1.4 所示。

图 1.1.1   原照片

图 1.1.2   修复后的照片

图 1.1.3   原照片

图 1.1.4   修复后的照片

2. 网页设计

一般所看到的大部分主页都是利用 Photoshop 编辑的。Photoshop 是网页设计中必不可少的软件。从按钮到背景图像、文字效果等，通过 Photoshop 可以制作出最佳图像，如图 1.1.5 所示。

3. 图像合成

图像合成是指结合独特的创意将若干个图像进行合成，制作出具有个人风格的图像，如图 1.1.6 所示。

4. 3D 图形

要做出漂亮的 3D 作品，就必需 Photoshop 的帮助。在 3D 图像的材质制作、色彩调整和后期工作中，都会用到 Photoshop，如图 1.1.7 所示。

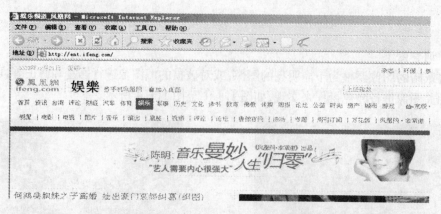

图 1.1.5　网页中的特效文字常以图片的形式出现

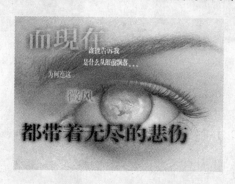

图 1.1.6　图像的合成

5.编辑设计

　　虽然宣传单、宣传手册及广告等,大部分是用专业的排版软件编辑完成的,但其中包含的图像几乎都会用 Photoshop 来处理制作,如图 1.1.8 所示。

图 1.1.7　脸部材质色彩纹理图及对应模型　　　　　图 1.1.8　宣传单

任务三　认识矢量图形与位图

　　图像文件可分为矢量图形和位图图形两大类,在绘制处理图像过程中,两种类型的图像可以相互交叉使用。

1. 矢量图形

矢量图形是指基于一定的公式和起点、终点、色彩等参数描绘出来的图形，又称向量图形、PostScript 图形。

矢量图形是计算机即时画出来的。保存的矢量图只是一些参数，在打开时，计算机再根据这些参数将图形进行重绘。因此，矢量图必须要有相应的软件支持才能被显示出来。矢量图不会变形，效果如图 1.1.9、图 1.1.10 所示。

图 1.1.9　原图

图 1.1.10　放大显示效果图

目前，国内常用的矢量绘画软件有 CorelDraw、Illustrator 等。

2. 位图

位图是用一个个点组合而成的图像，又称为点阵图形，或者叫光栅图像。与位图相关的两个概念是像素和分辨率。

像素是组成位图的基本单位。位图中组成图像的每一个点就是一个像素点。每一个像素点都有自己的位置、色相、亮度、饱和度等数据信息。

分辨率是图像上每单位长度所能显示的像素数目。

文件每单位长度包含的像素越多，文件的分辨率就越高，图像品质就越好，但文件会越大。

位图更易于处理，其图形的显示不需要太多的支持，但容易变形（如图 1.1.11、图 1.1.12 所示），文件大。一般来说，能直接通过照相、扫描、摄像等得到的图形都是位图。

图 1.1.11　原图

图 1.1.12　放大显示效果图

常用的位图软件有 Photoshop、PictureProject、友立的我形我速等。

任务四　认识色彩模式

1. 基本概念

色彩模式就是色彩的表达形式。一定的颜色对应着计算机里的一定数值,这种对应关系就是色彩模式。

色相即不同的色彩,如红、黄、蓝、绿等。色相变化,色彩相应改变。

饱和度即色彩的浓度。饱和度为零,看不到色彩;饱和度为100%,该色彩最浓。

亮度即光照强度。拿一张彩色的纸,在不同光强度的环境中,可以看到纸的明暗变化。从色彩最纯至完全黑暗,这种变化就是亮度对颜色的影响。

2. 色彩模式的主要类型

Photoshop 提供了转换色彩模式的功能,通过"图像|模式(M)"下的菜单,可将图像在各种格式间进行转化。将彩色模式转换为后面介绍的双色调模式或者位图模式时,必须先转换为灰度模式,再由灰度模式转换为双色调模式或者位图模式。

1) RGB 模式

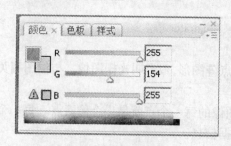

图1.1.13　RGB 颜色控制面板

RGB 模式由 R(红色)、G(绿色)、B(蓝色)三种颜色叠加,形成其他色彩。由于每一种色彩都有256个亮度水平级,即从0至255,所以它们可以表达的色彩数就是 $256 \times 256 \times 256 = 16\ 777\ 216$ 种,超过了人眼所能够分辨的范围。图1.1.13所示为 RGB 颜色控制面板。

这种色彩模式直接根据显示的原理形成,因此计算机在处理时最方便,就像一种通用语言一样,不需要翻译就可以让显示器读懂。因为 R、G、B 这三种颜色合成后产生白色,所以这种颜色模式也被称为加色模式。

在实际应用中,设计过程都应该先用 RGB 模式来做,也就是说,在 Photoshop 中应该尽量采用这种模式。使用这种模式处理图片方便,速度、质量都不错。另外,如果设计的结果用于网页、视频发布等,也应该把设计结果保存成 RGB 模式,这样能够不损失色彩。

2) CMYK 模式

这是一种基于印刷的色彩模式,它以打印在纸张上的油墨的光线吸收特性为理论基础。在物理学上是这样描述的:眼睛为什么能够看到物体的颜色呢? 是因为日光照射到物体上,物体吸收了一部分色光,其他剩下的光反射到眼睛里,从而在眼睛里形成了色彩。比如红旗,它吸收红光,反射到眼睛里时就缺少红光,眼睛就感觉到它是红色的。

CMYK 模式中,C 代表青色、M 代表洋红色、Y 代表黄色、K 代表黑色。由于这四种颜色能够通过合成得到能吸收所有颜色的黑色,因此使用 CMYK 生成颜色的模式也被称为减色模式。

CMYK 模式的缺点是:CMYK 模式中每一种色彩都有0%～100%的浓淡变化,能表达的颜色比 RGB 模式少得多,并且由于 CMYK 模式本身不发光,因此也没有 RGB 模式看起来鲜艳明亮。另外,在 CMYK 模式下,Photoshop 中有些滤镜不可用。图1.1.14所示为 CMYK 颜色控制面板。

但是,正由于 CMYK 模式是一种减色模式,在专业平面设计印刷出版界,CMYK 模式是最常用的色彩模式。

3)Lab 模式

Lab 模式的最大优点是:无论使用什么设备(如显示器、打印机、计算机或扫描仪)创建或输出图像,这种颜色模式所产生的颜色都可以保持一致。其中 L 代表亮度,a 和 b 是颜色通道。a 代表从深绿(低亮度值)到灰(中亮度值),再到亮粉红色(高亮度值);b 代表从深蓝色(低亮度值)到灰(中亮度值),再到焦黄色(高亮度值)。

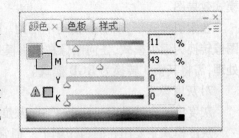

图 1.1.14　CMYK 颜色控制面板

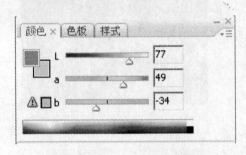

图 1.1.15　Lab 颜色控制面板

为什么要制定这样一种模式呢?那是因为无论是 RGB 模式还是 CMYK 模式,都只能显示自然界中的部分色彩,大量的色彩被忽略了;为了科学研究的需要,人们制定了一种能表达更多色彩的模式,Lab 模式就是这样被催生出来的。图 1.1.15 所示为 Lab 颜色控制面板。

Lab 模式通常不用于设计中,它一直充当着中介的角色。如计算机将 RGB 模式转换为 CMYK 模式时,实际上是先将 RGB 模式转换为 Lab 模式,然后将 Lab 模式转换为 CMYK 模式。

4)HSB 模式

HSB 模式虽然不基于任何显示方式和输出设备的原理,但却是一种非常有用的模式,是平面设计中最常用到的选择色彩的方式(按照平常选择布料色彩的步骤来看 HSB 模式)。

HSB 模式中,H 代表色度,即你可以选择的色彩;S 代表饱和度,即所选中色彩的浓和淡;B 代表亮度,即色彩的明显程度。Photoshop 色盘一般都是按照这种方式来选色的。图 1.1.16 所示为 HSB 颜色控制面板。

以上四种色彩模式是最基本的色彩模式。

5)双色调模式

双色调模式是指用两种油墨打印图像,灰色油墨用于暗调部分,彩色油墨用于中间调和高光部分。

6)Indexed 模式

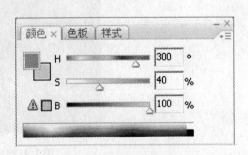

图 1.1.16　HSB 颜色控制面板

Indexed 模式也称为索引色彩模式,最多只有 256 种颜色。Indexed 模式的图片多用于网络。在网络中,最常用的 GIF 文件就是基于 Indexed 模式的。图 1.1.17 所示为索引模式效果图。

在索引模式下,所有滤镜均不可用。需要注意的是,只能将灰度模式或 RGB 模式的图像转换为索引模式,任何图像在索引模式下仅能进行有限的编辑,要进行更多的编辑与处理,需将其模式转换为 RGB 模式。

7)灰度模式

灰度模式也就是 Grayscale 模式,灰度模式与色相、饱和度都无关,仅与亮度有关。

灰度模式主要用在黑白印刷上。通常,通过把彩色图片转换为 Grayscale 模式,来制作怀旧老照片、个性主页之类的东西。图 1.1.18 所示为灰度模式效果图。

图 1.1.17　索引模式效果

图 1.1.18　灰度模式效果

8)Bitmap 模式

Bitmap 模式也称为黑白彩色模式或位图模式,这是一种只有黑白两种颜色的色彩模式。在这种模式下,可以将图像表达为两种纯色,通常是黑色和白色,没有饱和度和亮度等参数,也就是没有浓淡的层次变化,要表达层次只有通过网点或者色块来模拟。图 1.1.19所示为位图模式效果图。

图 1.1.19　位图模式效果

通常为了制作黑白文字、突出图形的线条和轮廓,可以考虑采用位图模式。在位图模式下,所有滤镜均不可用。

任务五　初识文件格式

在 Photoshop 中,所支持的文件格式有 20 多种。

1. Photoshop 自身文件格式

Photoshop 自身文件格式为 PSD、PDD 格式。在用 Photoshop 处理图片时,如果工作没有完成,都应该保存成 PSD 或者 PDD 格式,也就是 Photoshop 默认的保存格式。这种格式可以存储 Photoshop 中所有图层、通道和剪切路径等信息。

但是,这种文件格式有一些缺点,如所占的空间相当大,和别的许多软件不通用等。在保存最终作品时,如果没有必要,最好不要用 PSD、PDD 文件格式。

2. 其他常用图形文件格式

1)BMP 格式

BMP 英文全称是 Windows Bitmap。BMP 图形文件格式是微软公司为其 Windows 环境设置的标准图像格式,所以它被多种软件所支持,也可以在 PC 和苹果机上通用,颜色多达 16 位真彩,质量上没有损失,但它所占空间比较大。Windows 的壁纸,就需要用到 BMP 格式的文件。

它支持 RGB、索引颜色、灰度和位图模式,但不支持 Alpha 通道,也不支持 CMYK 模式。

2)GIF 格式

GIF 英文全称是 Graphics Interchange Format,即图形交换格式,这是一种小型化的无损压缩的网页文件格式,它最多用 256 种颜色,即索引色彩,支持一个Alpha通道,支持透明和动画格式,多用在网络传输上。

3)TIFF 格式

TIFF 英文全称是 Tag Image File Format,即标签图像格式。这是一种最佳质量的无损压缩图形存储格式,它可存储多达 24 个通道的信息。它所包含的有关的图形信息最全,而且几乎所有的专业图形软件都支持这种格式。在保存自己的作品时,只要有足够的空间,都应该用这种格式来存储,才能保证作品没有丝毫损失。

4)JPG 格式

JPG(JPEG)英文全称是 Joint Photographic Experts Group,这是一种有损压缩网页图形存储格式。中等压缩比大约是原 PSD 格式文件的 1/20,所以在用网络、磁盘传输图片时,最好选择这种存储格式。该格式支持 24 位真彩色的图像,现在几乎所有的数码照相机用的都是这种存储格式。

5. PCX 格式

这是一种 DOS 与 Windows 之间通用的存储格式。用它可以实现与某些 DOS 绘画程序之间的转换。

6. 其他格式

AI 格式:Adobe 公司的 Illustrator 绘图软件的格式。

Filmstrip 格式:Adobe 公司的 Premiere 动画软件的一种输出文件格式,可以在 Photoshop 上得到支持。

PNG 格式:一种无损压缩网络交换格式,支持较多的网络特性。

项目 1.2 Photoshop 基本操作

将 Photoshop 安装到系统中后,需先启动该程序,然后才能使用程序提供的各项功能。

使用 Photoshop 完毕,应及时退出该程序,以释放程序所占用的系统资源。

任务一　启动 Photoshop

通常可按以下方法之一启动 Photoshop。

(1)单击屏幕左下角的"开始"按钮,然后在弹出的菜单中选择"程序|Adobe Photoshop"命令。(菜单名和命令名可能因用户安装目录不同而有所不同。)

(2)双击桌面上的 Photoshop 启动快捷方式图标 。如果桌面上没有 Photoshop 启动快捷方式图标 ,可以打开 Photoshop 所在的文件夹,然后将光标放在 Photoshop 图标 上,按住鼠标左键,拖动鼠标,将"Photoshop. exe"拖动到桌面即可。

任务二　打开文件

在 Photoshop 中,几乎所有的操作都是从打开所要编辑的图像开始的,并且在 Photoshop 中能同时打开多个文件进行编辑。

选择"文件|打开"命令,或按快捷键[Ctrl] + [O],在弹出的"打开"对话框中搜索路径和文件,确认文件类型和名称,通过 Photoshop 提供的预览略图选择文件,如图 1.2.1 所示,单击"打开"按钮,即可打开文件。

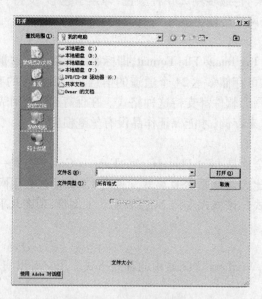

图 1.2.1　"打开"对话框

任务三　新建文件

选择"文件|新建"命令,或按快捷键[Ctrl] + [N],在弹出的"新建"对话框中设置文件名称、文件大小、分辨率、颜色模式及背景内容,如图 1.2.2 所示,单击"确定"按钮,即可新建文件。

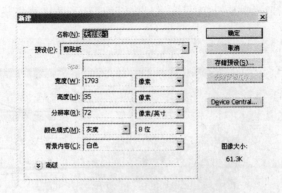

图 1.2.2　"新建"对话框

任务四　保存图像

选择"文件|存储"命令，或按快捷键[Ctrl] + [S]，设置文件的存储位置、文件格式及文件名，单击"保存"按钮，即可以存储文件。

"文件|存储"命令是将打开的图像以覆盖的形式进行保存；"文件|存储为"命令是另外指定存储路径和文件名称的保存方式，多用于文件格式的更换。

任务五　退出 Photoshop

启动 Photoshop 后，通常可按以下几种方法退出该程序。

(1)单击程序窗口右上角的"关闭"按钮。

(2)执行菜单中的"文件|退出"命令。

(3)按[Alt] + [F4]组合键或[Ctrl] + [Q]组合键。

(4)双击程序窗口左上角图标 Ps 。

项目 1.3　Photoshop 界面操作

任务一　认识 Photoshop 的界面组成

Photoshop 的工作界面主要由菜单栏、选项栏、工具箱、控制面板和状态栏组成，如图 1.3.1 所示。

菜单栏

选项栏

控制面板

工具箱

图像编辑窗口

状态栏

图 1.3.1 Photoshop CS4 工作界面

任务二 初识菜单栏

与其他 Windows 应用程序一样,Photoshop 在菜单栏将命令按项目进行分类,用鼠标单击,就会弹出相应项目的命令。对于菜单,有如下的约定规则。

(1)菜单项呈灰色:该命令在当前编辑状态下不可用。

(2)菜单项后面有箭头符号:该菜单项还有子菜单。

(3)菜单项后面有省略号:单击该菜单将会打开一个对话框。

(4)菜单项后面有快捷键字母:可以直接使用快捷键来执行菜单命令。

(5)要关闭所有已打开的菜单,可再次单击主菜单名,或者按[Alt]键;要逐级向上关闭菜单,可按[Esc]键。

任务三 工具箱和选项栏的基本操作

Photoshop 提供的工具比较多,工具箱并不能显示出所有的工具,有些工具被隐藏在相应的子菜单中。在工具箱的某些工具图标上可以看到一个小三角符号,这表明该工具拥有相关的子工具。

工具箱基本操作如下。

(1)选择工具:要使用某种工具,只要单击该工具图标即可。

(2)选择隐藏的子工具:选中该工具并按住鼠标左键不放,或选中该工具单击鼠标右键,然后将光标移至打开的子工具条中,单击鼠标左键选择所需要的工具,则该工具将出现在工具箱上,如图 1.3.2 所示。

选项栏位于菜单栏的下面,其功能是设置各个工具的参数。选择工具箱中的工具,将会显示相应的选项栏。

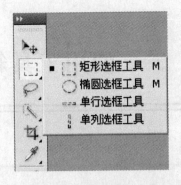

图 1.3.2 选择隐藏的工具

任务四 控制面板基本操作

控制面板可以看做是绘画时所用的面板,但这些面板不仅能调制颜色,还能完成各种图像处理操作和工具参数的设置,如显示信息、选择颜色、图层编辑、制作路径、录制动作等。所有面板都可在"窗口"菜单中找到。

控制面板的基本操作如下。

(1)选择某个面板:可以单击该面板的选项卡,或者从"窗口"菜单中选取该面板的名称,它会显示在其所在组的最前面。

(2)面板的隐藏或显示:通过单击面板右上角的"关闭"按钮来隐藏面板;要显示面板,就单击"窗口"菜单下的相应命令。

(3)移动面板:拖动面板的标题栏就可以拖动面板。

(4)整理面板:执行"窗口|工作区|基本功能(默认)"命令,可使面板恢复到刚刚运行 Photoshop 的状态。

(5)分离/合并面板:向外拖动选项卡就可以分离相应面板;单击面板名称并拖动面板名称所在选项卡到所要并入的面板,就可以合并面板。

(6)快捷键:按[Tab]键可以显示或隐藏所有面板、工具箱及选项栏;按[Shift]+[Tab]组合键可以显示或隐藏所有面板。

任务五 认识状态栏与图像编辑窗口

状态栏:即时显示当前图像的显示比例、文件大小、所选工具的简单使用方法等。

图像编辑窗口:制作新文件或打开图像文件时所显示的窗口。可以把它当做绘画纸。

使用工具箱

项目 2

Photoshop 的工具众多，其中包含多种强大的绘图工具、图像处理工具和修复工具，灵活使用这些工具可以充分发挥自己的创造性，绘制出精彩的平面作品。

学习 Photoshop 并不是一件容易的事情。掌握众多工具的使用方法和技巧，是进一步学习的基础。只有拥有扎实的根基，才能在 Photoshop 的世界里畅游。

能力目标

◆能够根据图像的操作需要选择正确的工具。

知识目标

◆熟悉各种工具的作用。

◆掌握各种工具的使用方法。

◆熟悉各种工具的属性设置。

项目 2.1　图像的缩放

任务一　使用缩放工具和抓手工具

（1）打开素材 1，如图 2.1.1 所示。在文档的标题栏及状态栏，可以看到当前画面的缩放比例。（打开文件时，程序将使用合适的缩放比例自动调整图像大小。）

（2）选择缩放工具，将光标放在画面中部的鱼鳍上，单击鼠标左键，画面会以被单击部分为中心，按一定的比例放大，继续单击，直到画面放大到 300%，如图 2.1.2 所示。

图 2.1.1　素材 1　　　　　　　　　　　图 2.1.2　放大到 300%

（3）选择抓手工具，光标变成抓手形，拖动鼠标可以查看画面的任意部分。

（4）选择缩放工具，将光标置于图像上，按住鼠标左键，拖动鼠标，以选择需要放大的图像区域（图 2.1.3），则被选区域放大显示，如图 2.1.4 所示。

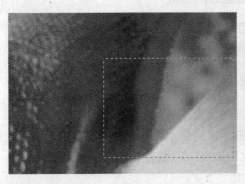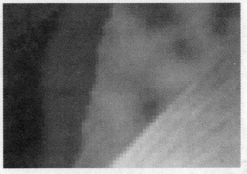

图 2.1.3　选择图像放大区域　　　　　　图 2.1.4　放大后

（5）选择缩放工具，按［Alt］键，同时在画面上单击鼠标左键（或单击选项栏的缩小工具），每单击一次，画面就会缩小一次。将画面缩小到 100%，如图 2.1.5 所示。

图 2.1.5　缩小到 100%

任务二　使用导航器面板

(1)执行"窗口|导航器"命令,打开导航器面板,如图 2.1.6 所示。单击导航器面板的"放大"按钮将画面调整到 200%;再单击"缩小"按钮,将画面显示比例调整到 100%。

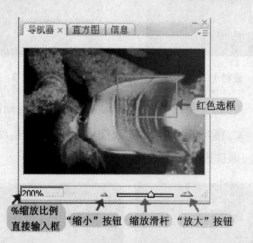

红色选框

%缩放比例
直接输入框　　　"缩小"按钮　缩放滑杆　"放大"按钮

图 2.1.6　导航器面板

(2)直接拖动导航器面板的缩放滑杆,将画面放大到 800%。

(3)拖动导航器面板的红色选框,更改当前画面的显示区域。

(4)在导航器面板的左下角直接输入缩放比例 200%,快速将画面放大到指定大小。

项目小结

通过本项目的练习,认识了缩放工具、抓手工具和导航器面板的作用,并能掌握它们的操作方法。值得一提的是:在窗口等于或大于画布时,抓手工具无效;缩放工具默认状态为放大,按住[Alt]键为缩小状态;缩放工具除了单击缩放外,还可以拖动出矩形框,令矩形框内的图像充满窗口;放大的极限为 3 200%,缩小的极限为 0.73%。

相关知识点

1.缩放工具选项栏

缩放工具选项栏如图2.1.7所示。各选项及按钮功能如下。

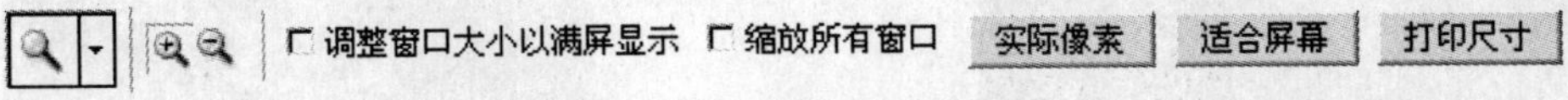

| 🔍 ▾ | 🔍 🔍 | ☐ 调整窗口大小以满屏显示 | ☐ 缩放所有窗口 | 实际像素 | 适合屏幕 | 打印尺寸 |

图2.1.7　缩放工具选项栏

(1)调整窗口大小以满屏显示:在没有选定该选项的状态下,图像显示窗口的大小不随图像的缩放比例而变化;选定该选项时,图像显示窗口大小将随着图像的缩放而变化。

(2)缩放所有窗口:在选定状态下,当前Photoshop中所有的文件将同时进行缩放。

(3)"实际像素"按钮:显示当前图像的实际像素以及尺寸,即以100%的比例显示画面。

(4)"适合屏幕"按钮:可以全屏显示画面。

(5)"打印尺寸"按钮:显示打印预览的尺寸。

2.使用技巧

(1)快速双击缩放工具 🔍,可以显示画面原始大小。

(2)快捷键:放大画面[Ctrl]+[+],缩小画面[Ctrl]+[-],抓手工具按[Space]键同时拖动鼠标。

项目2.2　建立规则选区

任务一　矩形选框工具操作

(1)打开素材1,如图2.2.1所示。

(2)在工具箱中单击鼠标右键选取选框工具按钮 ⬚,可以显示4个规则选框工具,如图2.2.2所示,这里选择"矩形选框工具"。

图2.2.1　素材1

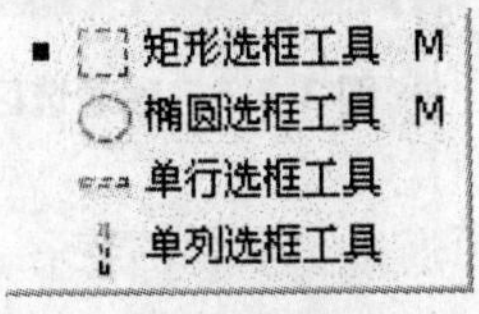

```
■ ⬚ 矩形选框工具    M
  ○ 椭圆选框工具    M
  ▭ 单行选框工具
  ▯ 单列选框工具
```

图2.2.2　规则选框工具

(3)将光标放到画面中,变成+号形状。在预定选区的起始点按下鼠标左键,按对角线方向拖动鼠标直到期望大小后释放鼠标左键。此时鼠标选区建立完成,如图2.2.3

所示。

（4）将光标放入选区范围内，单击鼠标左键并拖动鼠标，选区将跟着移动，图像本身不受影响。

（5）单击图像的任意一点，取消选区（或按快捷键[Ctrl]+[D]）。

（6）按住[Shift]键绘制矩形，此时得到的是正方形选区，如图2.2.4所示。

图2.2.3　建立矩形选区

图2.2.4　正方形选区

（7）按快捷键[Ctrl]+[D]，取消选区。按住[Alt]键绘制矩形，将从选区的中心点开始绘制矩形选区。

（8）按快捷键[Ctrl]+[D]，取消选区。按[Alt]+[Shift]组合键，同时按鼠标左键，拖动鼠标，将从选区的中心点开始绘制正方形选区。

（9）将鼠标放入选区范围内，按[Ctrl]键，同时按住鼠标左键，拖动鼠标，选区跟着移动，选区内的图像也跟着移动，如图2.2.5所示。

（10）按快捷键[Ctrl]+[Z]撤销移动操作。点选矩形选框工具右边的移动工具 ▸╁，将鼠标放入选区范围内，按住鼠标左键，拖动鼠标，选区及选区内的图像都跟着移动。效果如图2.2.5所示。

（11）按快捷键[Ctrl]+[Z]撤销移动操作。保持"移动工具"被选中状态，再次将鼠标放入选区范围内，按住[Alt]键及鼠标左键，同时拖动鼠标，选区及选区范围内的图像被复制移动。效果如图2.2.6所示。

图2.2.5　移动选区内图像

图2.2.6　复制选区内图像

任务二　椭圆选框工具操作

（1）打开素材2，如图2.2.7所示。

（2）选择"椭圆选框工具"，设置选项栏的羽化为20。同矩形选框工具一样，在起始点按下鼠标左键并拖动鼠标，可以选择出椭圆形的选区（如果按住[Shift]键，可以画出正圆形选区），如图2.2.8所示。

(3)执行"选择|反向"命令,选区变为荷花的外部,如图2.2.9所示。

(4)单击工具箱中的"默认背景色和前景色"按钮█,将前景色设置为黑色,背景色设置为白色。

(5)按下[Del]键。选区内图像被删除,并显示为背景色白色。效果如图2.2.9所示。(也可按快捷键[Alt]+[Del]用前景色填充选区,或按快捷键[Ctrl]+[Del]用背景色填充选区。)可以再按几次[Del]键以增强效果。按快捷键[Ctrl]+[D]取消选区。

图2.2.7 素材2

图2.2.8 椭圆选区

图2.2.9 删除选区内图像

任务三 单行、单列选框工具的使用

(1)打开历史记录面板,单击面板上部的图片名称,使荷花图片恢复到最初打开状态。

(2)选择"单行选框工具",在画面中选定位置单击鼠标左键,则选择了单行像素。

(3)按快捷键[Ctrl]+[Del]用背景色填充选区,按快捷键[Ctrl]+[D]取消选区。效果如图2.2.10所示。

(4)选择"单列选框工具",在画面中选定位置单击鼠标左键,则选择了单列像素。

(5)按快捷键[Alt]+[Del]用前景色填充选区,按快捷键[Ctrl]+[D]取消选区。效果如图2.2.11所示。

图2.2.10 单行填充

图2.2.11 单列填充

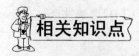

项目小结

通过本项目的练习,应该认识到:各种规则选框工具的使用方法及使用场合;选区是封闭的区域;选区一旦建立,大部分的操作只在选区范围内有效。

相关知识点

1. 选框工具选项栏

选框工具选项栏如图 2.2.12 所示。

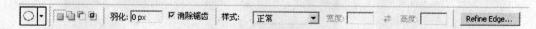

图 2.2.12 选框工具选项栏

(1)选择方式 □□□□:是为了便于选择而使用的选项,共有四种选择模式,自左向右分别是新选区模式、添加到选区模式、从选区减去模式和与选区交叉模式。

☞新选区模式:系统默认的选取模式。某一时刻,存在唯一的选择区域,新建选区,旧选区会自动取消。

☞添加到选区模式:后绘制的选区可以无限制地添加到先绘制的选区中。在默认模式下,按住[Shift]键进行区域选择可以达到相同效果。

☞从选区减去模式:从先绘制的选区中减去后绘制的选区。在默认模式下,按住[Alt]键进行区域选择可以达到相同效果。

☞与选区交叉模式:只保留原选区与新选区的相交区域。在默认模式下,按住[Shift]+[Alt]键进行区域选择可以达到相同效果。

(2)羽化:柔化图像的边缘,羽化的取值范围是 0 ~ 255 像素,数值越大边缘越柔和。对于单行选框工具和单列选框工具,不能使用羽化效果,因此在选择之前应该将羽化值设置为0。

(3)消除锯齿:在边缘的粗糙部分填充过渡色,使图像的边缘更加圆滑。

(4)样式:在单行选框工具和单列选框工具中无法使用。

☞正常:系统默认设置,可以通过鼠标的拖动自由选择区域。

☞约束长宽比:在预先指定长宽比之后选择区域,选择区域的长宽比将不会改变。

☞固定大小:在预先指定准确的选区大小后选择区域,只需单击鼠标就可选择指定大小的区域。

2. 移动工具选项栏

移动工具选项栏如图 2.2.13 所示。

图 2.2.13 移动工具选项栏

（1）自动选择图层：选择此选项后，只要单击鼠标，整幅图像都被指定为选区。

（2）显示变换控件：选择此选项后，在图层周围出现编辑点，利用这些编辑点可以进行选区形状的大小变换、形状转换、旋转等编辑操作，如同编辑菜单下的自由变换命令。

（3）图层排列功能：当存在多个图层时，可以利用这些图层排列功能进行规则排列。

项目2.3 建立任意选区

任务一 使用套索工具随心所欲地选择

（1）打开素材1，如图2.3.1所示。

图2.3.1 素材1

（2）在工具箱中选择套索工具 ，试着在图像中选择花朵：先在起始点按下鼠标左键，沿着花瓣轮廓拖动鼠标（效果可能不理想，且不顺手，别管它），直至回到起始点后释放鼠标，即可建立一个与拖动轨迹相符的选区。

（3）修改选区：先单击选项栏的"从选区减去"按钮，再圈选多选部分；单击选项栏的"添加到选区"按钮，再圈选少选部分。效果如图2.3.2所示。

图2.3.2 套索选取效果

任务二 使用多边形套索工具

（1）按快捷键［Ctrl］+［D］取消选区。使用缩放工具将画面放大到100%。

（2）在工具箱中选择多边形套索工具 ，试着在图像中选择花朵：先在起始点单击鼠标左键,沿着花瓣轮廓在转折点单击鼠标左键,每次选择目标点时都有一条直线连接新选择的目标点和上一个目标点,回到起始点后在光标右下方会出现一个小圆形,再次单击鼠标左键,即可建立一个与拖动轨迹相符的多边形选区。

(3)对于漏选的区域,可以按住[Shift]键选择需要添加的区域。对于多选的区域,可以按住[Alt]键选择需要减去的区域。选区最后效果如图2.3.3所示。

图 2.3.3   多边形选取效果

(4)执行"图像|调整|色相/饱和度"命令,设置色相为 -113、饱和度为39、明度为 -10。按快捷键[Ctrl] + [D]取消选区。效果如图2.3.4所示。

图 2.3.4   调整色相/饱和度效果

任务三   使用磁性套索工具

(1)打开历史记录面板,单击面板上部的图片名称,使玫瑰花图片恢复到刚打开状态。

(2)在工具箱中选择磁性套索工具 ，在选项栏中设置频率为57,试着在图像中选择花朵:先在起始点单击鼠标左键,沿着花瓣轮廓拖动鼠标(如图2.3.5所示),在边界线不分明的地方可以单击鼠标左键以精确选择,直到回到起始点,单击鼠标左键完成选择区域操作。

(3)按快捷键[Ctrl] + [D]取消选区。在选项栏中设置频率为90。再次选择花朵:先在起始点单击鼠标左键,沿着花瓣轮廓拖动鼠标,直到回到起始点,单击鼠标左键完成选择区域操作。这次会明显感觉到选择更精确,生成的锚点也多,如图2.3.6所示。

图 2.3.5　频率为 57

图 2.3.6　频率为 90

项目小结

　　通过本项目的学习,能识别三种不规则选取工具的使用场合:套索工具通常用于大致地选择图像中的一部分或在进行精确选择之前的准备工作;多边形套索工具主要用于选择棱角分明的图像区域;磁性套索工具主要用于选择颜色差异明显的图像区域。能掌握三种不规则选取工具的使用方法。

相关知识点

1.磁性套索工具选项栏
　　磁性套索工具选项栏如图 2.3.7 所示。

| 🔾 | ▢ ▢ ▢ | 羽化: 0 px | ☑ 消除锯齿 | 宽度: 10 px | 边对比度: 10% | 频率: 57 | ✎ | Refine Edge... |

图 2.3.7　磁性套索工具选项栏

　　(1)羽化:可以柔化图像的边缘,值越大边缘越圆滑。

　　(2)消除锯齿:在图像边缘的粗糙部分填充过渡色,使图像边缘更圆滑。

　　(3)宽度:能够检测到的图像边界宽度,值越大检测的范围也越大。

　　(4)边对比度:决定边界的颜色对比度。值越大,选择范围越广,此时会选择周围相近颜色;值越小,选择的精度越高。

　　(5)频率:控制磁性套索工具添加锚点的速度。值越大,产生的锚点越多,也就能进行更精确的选择。

2.操作小技巧
　　(1)多边形套索工具选取过程中,持续按住[Shift]键可以保持水平、垂直或 45 度角的轨迹方向。使用三种不规则选取工具选择区域时,如果终点与起点没有重合,可以按下回车键或双击鼠标完成选取。

　　(2)利用套索工具进行选取时,如果在拖动鼠标的过程中不小心释放了鼠标,将会在起始点和终止点自动连接形成一个封闭的选区。此时可以按[Ctrl]+[D]组合键或者在图像的任意点单击鼠标取消选择后重新执行上一步。

（3）如果在使用多边形套索工具选择目标点时发生误操作，可以按［Del］键恢复到前一个状态。当按下［Esc］键时，所有的选择都恢复到原始状态。

（4）在使用磁性套索工具的过程中可以按［Del］键撤销前一个点，可一直撤销到最初。当按下［Esc］键时，所有的选择都恢复到原始状态。

项目2.4　使用魔棒工具和快速蒙版

任务一　使用魔棒工具选背景

（1）打开素材1，如图2.4.1所示。

图2.4.1　素材1

（2）选择工具箱中的魔棒工具，在选项栏中设置容差为20，点选"添加到选区"按钮（也可在选择时通过按住［Shift］键实现添加到选区目的）。试着选择天空背景：在天空的蓝色区域和白色区域分别单击。（也可试着利用快速选择工具，通过在天空短距离"画"几笔实现选择天空背景。）

（3）对于天空中没被选中的细小部分，可以利用添加到选区功能，使用矩形选框工具进行框选。

任务二　更改背景

（1）设置前景色为黑色，背景色为白色。

（2）执行"滤镜|渲染|云彩"命令，天空乌云密布。按快捷键［Ctrl］+［D］取消选区。效果如图2.4.2所示。

图2.4.2　更换背景

任务三　使用快速蒙版选择雕像

（1）打开素材2，如图2.4.3所示。

（2）粗选雕像。观察到图像的背景与雕像的色相有一定反差，且背景色调比较单一。选择魔棒工具，设置容差为 25，单击天空背景。按快捷键［Ctrl］＋［Shift］＋［I］反向选择，此时选区为雕像区域。选择矩形选框工具，按住［Alt］键拖动鼠标将雕像下方的石柱从选区中减去。效果如图 2.4.4 所示。

图 2.4.3　素材 2

图 2.4.4　粗选雕像

（3）在工具箱中单击"以快速蒙版方式编辑"按钮（或按快捷键［Q］），此时画面的选择区域以外都被蒙上了红色，如图 2.4.5 所示。

图 2.4.5　快速蒙版编辑方式

（4）选择缩放工具，将图像放大到 300%。仔细观察图像，有些区域没选中，还有些区域被多选。

（5）设置前景色为黑色，背景色为白色。选择画笔工具，选择柔角 5 像素大小的画笔。

（6）当前景色为黑色时，绘制的区域为红色；当前景色为白色时，绘制区域的红色被删除。单击"切换前景色和背景色"按钮（或按快捷键［X］），在前景色和背景色之间切

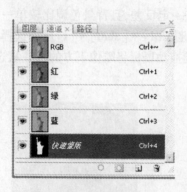

图2.4.6　快速蒙版通道

换。

（7）双击缩放工具将画面的显示比例恢复到100%，观察选择是否完成。重复调整选区直到满意效果。

（8）在快速蒙版模式下选择图像，在通道面板中自动生成快速蒙版通道，如图2.4.6所示。如果不保存，在退出快速蒙版编辑模式时快速蒙版通道将自动消失。按[Q]键恢复到标准编辑模式状态，此时雕像部分的选择非常精确。

任务四　合成图像

（1）选择移动工具，将选区移动到素材1文档中。

（2）执行"编辑|自由变换"命令（或按组合键[Ctrl]＋[T]），在雕像的周围会出现8个编辑点，如图2.4.7所示。按住[Shift]键，将鼠标放在对角上的编辑点并按下鼠标左键，以对角线方向拖动，雕像按一定的比例进行缩放。

（3）将鼠标放在编辑框内，按下鼠标左键并拖动以覆盖素材1的雕像。将鼠标放在编辑框外，按下鼠标左键并拖动可以旋转图像。单击选项栏的"提交"按钮，或双击图像，变换完毕。效果如图2.4.8所示。

图2.4.7　自由变换图像

图2.4.8　最终效果

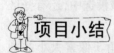项目小结

本项目的制作利用魔棒工具、矩形选框工具、快速蒙版编辑模式、移动工具及云彩滤镜来实现。应该明白：魔棒工具是利用颜色的差别来创建选区的，它能将颜色相近的区域通过单击一次性地选取；在进行精确的区域选择时，快速蒙版编辑模式结合画笔工具是一

种基本的方法,特别是轮廓非常复杂的图像,更能显示其操作上的优点。

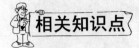

相关知识点

1. 魔棒工具选项栏

魔棒工具选项栏如图 2.4.9 所示。

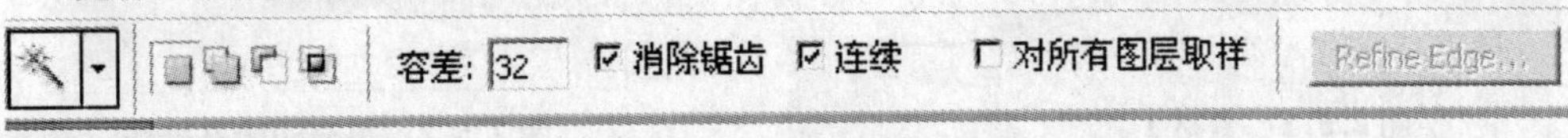

图中工具栏：容差: 32 ☑消除锯齿 ☑连续 □对所有图层取样 Refine Edge...

图 2.4.9 魔棒工具选项栏

(1)容差:决定选择的颜色范围。可以输入 0 ~ 255 之间的数值。容差越大,色彩包容度越大,选中的部分也会越多。

(2)消除锯齿:使选择区域边缘的锯齿降到最低,让它的边缘变得更加平滑。

(3)连续:图像中如果有多块相似的颜色,勾选"连续",只会选择连续的区域,而与单击点分离的相同颜色区域不会被选取。

(4)对所有图层取样:如果有多个图层,便对多个图层中相似的颜色同时进行取样。

2. 快速选择工具

快速选择工具是智能的,比魔棒工具更直观和准确。快速选择工具的使用基于画笔模式,即通过拖动鼠标"画"几笔就能得到所需区域。如果选取离画笔边缘比较远的较大区域,可使用笔尖较大的画笔。

项目 2.5 调整选区

任务一 制作描边背景

(1)打开素材 1,如图 2.5.1 所示。设置前景色为黑色,背景色为白色。

(2)按快捷键[Ctrl] + [A]全选图片。执行"选择|修改|收缩"命令,设置收缩量为 15 像素,可以看出,选区向中间缩小了指定大小的选取区域。

(3)执行"选择|修改|羽化"命令,设置羽化半径为 10 像素。

(4)执行"选择|反向"命令,或者按组合键[Ctrl] + [Shift] + [I]将选区反向。按快捷键[Ctrl] + [Del]用背景色填充选区,再按两次快捷键[Ctrl] + [Del],以强化填充效果。按快捷键[Ctrl] + [D]取消选区。

(5)再次按快捷键[Ctrl] + [A]全选图片。执行"编辑|描边"命令,设置描边宽度为 3 像素,颜色为中灰,位置为内部。效果如图 2.5.2 所示。(描边命令:给选区的边缘一个单色,使图像显得干净利落。)

图 2.5.1 　素材 1

图 2.5.2 　填充边缘并描边

任务二　制作边界效果

（1）打开素材 2，如图 2.5.3 所示。按快捷键［Ctrl］＋［A］全选图片。

（2）执行"选择|修改|边界"命令，弹出"边界选区"对话框，设置宽度为 35 像素。这样，在图像的四周形成了一个宽度为 35 像素的边框选区。

（3）执行"编辑|填充"命令，设置使用内容为图案，自定义图案为 Leaf，其余取默认值。按快捷键［Ctrl］＋［D］取消选区。效果如图 2.5.4 所示。（填充命令：按照指定的颜色或图案填充区域）

图 2.5.3 　素材 2

图 2.5.4 　边界效果

任务三　调整色彩平衡

（1）打开历史记录面板，单击最上面的文件名称，使素材 2 恢复到最初打开状态。

（2）执行"选择|色彩范围"命令，设置选择为取样颜色，颜色容差为 20，点选对话框右侧的"添加到取样"按钮 🖋️。用鼠标单击 2 次天空的不同区域，效果如图 2.5.5 所示。

图 2.5.5 　色彩范围选择效果

（3）执行"选择|修改|扩展"命令,设置扩展量为 10 像素,效果如图 2.5.6 所示。选区按照输入的扩展像素值 10 扩大选取区域。

图 2.5.6 扩展选区效果

（4）执行"选择|扩大选取"命令,将符合魔棒工具选项指定容差范围的相邻像素添加到选区。效果如图 2.5.7 所示。

图 2.5.7 扩大选取效果

（5）执行两次"选择|选取相似"命令,整幅图像中所有与原选区内的像素颜色相近的区域都被添加到选区中。效果如图 2.5.8 所示。

图 2.5.8 选取相似效果

（6）执行"选择|修改|平滑"命令，设置取值半径为 20 像素。这样，选区的边缘明显变得圆滑。执行"图像|调整|色彩平衡"命令，将中间调、高光及阴影均稍往绿色靠。效果如图 2.5.9 所示。

（7）执行"选择|存储选区"命令，设置如图 2.5.10 所示，将当前选区存储起来以备后用。按快捷键[Ctrl] + [D]取消选区。观察通道面板，新添加了一个天空和海面通道。

（8）调出选区。执行"选择|载入选区"命令，设置文档和名称分别为"2 − 5 − 3 选区调整 − 素材 2.jpg"和"天空和海面"。选区被载入。

图 2.5.9　色彩平衡选区

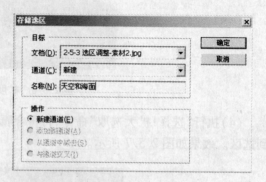

图 2.5.10　"存储选区"对话框

项目小结

本项目中练习了与选区操作相关命令的使用。对图像进行选取，是对图像编辑的前提，为了能得到正确的选区，除了利用选取工具进行选择之外，往往还要对选区做进一步的编辑。牢记选取工具的使用方法及使用场合很重要，灵活使用选区修改命令同样重要。

相关知识点

执行"选择|变换选区"命令，可以通过拖曳调整手柄上的各个调整节点，达到自由调整或旋转选区的目的。

项目2.6　绘制图像

任务一　使用渐变工具制作画面背景

（1）新建 16 cm × 18 cm，分辨率为 72 像素/英寸的文件。

（2）选择渐变工具 ，将前景色和背景色分别设置为天蓝色和白色。在选项栏中单击 右边的三角形，选择第一种渐变色。在选项栏中单击"线性渐变"按钮 。在图像窗口中使用渐变工具从图像窗口的右上角向左下角拖出渐变线。此时效果如图 2.6.1 所示。

（3）选择图层面板,单击"新建图层"按钮 ⬛ 创建图层 1。选择套索工具 ⬛ ,在选项栏中选择"添加到选区"选项,使用套索工具在窗口中绘制选区,如图 2.6.2 所示。

图 2.6.1　天空背景

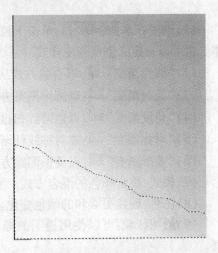

图 2.6.2　套索选区

（4）选择渐变工具 ⬛ ,将前景色和背景色分别设置为浅棕色和深棕色。在选项栏中单击"线性渐变"按钮 ⬛ 。在图像窗口中使用渐变工具从选区的右上角向左下角拖出渐变线。按快捷键[Ctrl] + [D]取消选区。效果如图 2.6.3 所示。

图 2.6.3　渐变填充土地

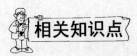 相关知识点

　　渐变工具能产生逐渐变化的色彩,但它不能用于位图、索引颜色或每通道 16 位模式的图像。渐变工具选项栏如图 2.6.4 所示。

图 2.6.4   渐变工具选项栏

（1）渐变样本 ▭ ：单击下拉按钮时出现的渐变面板中包含提供的默认渐变样本。也可以自定义创建渐变样式。

（2）"线性渐变" ▭ ：以直线方式从起点渐变到终点。

（3）"径向渐变" ▭ ：以圆形图案方式从起点渐变到终点。

（4）"角度渐变" ▭ ：以逆时针扫过的方式围绕起点渐变。

（5）"对称渐变" ▭ ：以对称线性渐变方式在起点的两侧渐变。

（6）"菱形渐变" ▭ ：以菱形图案方式从起点向外渐变。终点定义菱形的一个角。

（7）模式：决定颜色的混合方式。要反转渐变填充中的颜色顺序，可选择"反向"。

（8）仿色：创建更柔和的颜色变化。

（9）透明区域：可以使用透明的渐变，使用包含透明区域的渐变时必须选定该复选框。

任务二   使用画笔工具制作太阳

（1）在图层面板中单击"新建图层"按钮创建图层 2。设置前景色为白色。

（2）选择画笔工具 ，在选项栏中单击喷枪选项 ，单击画笔选项，设置画笔直径为 90 像素，硬度为 0%，笔尖形状为圆形。选中图层 2，在画面的左上角按住鼠标停留一会，太阳的光晕就出来了。效果如图 2.6.5 所示。

（3）重复步骤（1）、（2），适当调整画笔大小，分别制作太阳和太阳上的高光。制作太阳时，取消画笔喷枪选项，并将硬度设置为 100%。效果如图 2.6.5 所示。

图 2.6.5   画笔制作太阳

任务三　使用画笔工具绘制花草和蝴蝶

(1)在图层面板中单击"新建图层"按钮创建图层,双击图层名重命名为"花草"。设置前景色和背景色分别为草绿色和深绿色。

(2)选择画笔工具,在选项栏中单击"切换画笔调板"按钮,设置画笔笔尖形状为glass,直径为100像素,间距为30%,只保留勾选"散布"选项。在画面泥土位置用鼠标绘制几笔。改变画笔粗细及颜色,绘制大小不一的草。效果如图2.6.6所示。

图 2.6.6　绘制花草

(3)改变画笔设置绘制花朵。在画笔调板中,设置画笔笔尖形状为杜鹃花串(在画笔预设中追加 Special Effect Brushes),直径为49像素,间距为130%,保留勾选形状动态、颜色动态两选项。设置前景色为淡红色、背景色为黄色。在画面小草位置用鼠标绘制几笔。效果如图2.6.6所示。

(4)改变画笔设置绘制蝴蝶。打开画笔调板,设置画笔笔尖形状为 Butterfly(在画笔预设中追加 Special Effect Brushes),直径为49像素,间距为130%,保留勾选"形状动态"、"颜色动态"两选项。设置前景色为棕红色、背景色为白色。在画面花草位置用鼠标绘制几笔。效果如图2.6.6所示。

相关知识点

画笔工具选项栏如图2.6.7所示。

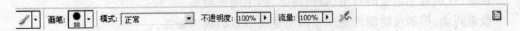

图 2.6.7　画笔工具选项栏

(1)画笔:调节画笔工具的笔触的大小、画笔的硬度及笔触的形状。扩大笔刷直径的快捷键是右方括号"]",缩小笔刷直径的快捷键是左方括号"["。

(2)模式:设置不同混合颜色方式。

（3）不透明度：设定画笔线条的透明度，100% 为不透明。

（4）流量：调节所画线条颜色的深浅度。

（5）喷枪 ：绘制明暗度自然柔和的图案效果。

（6）切换画笔调板 ：打开画笔调板，可以编辑画笔的各项预设功能。

•形状动态：设定有关画笔形状方面的参数。参数设置如图2.6.8所示。

大小抖动：控制画笔在绘制过程中尺寸的波动幅度，百分数越大，波动的幅度也越大。在该选项下方的"控制"下拉菜单中，选择"关"选项则在绘制过程中画笔尺寸始终波动；选择"渐隐"选项则可以在其后面的数值输入框中输入一个数值，以确定尺寸波动的步长值，到达此步长值后波动随即结束。

最小直径：控制在画笔尺寸发生波动时画笔的最小尺寸。

角度抖动：控制画笔在角度上的波动幅度，百分数越大，波动的幅度越大，画笔越紊乱。

圆度抖动：控制画笔笔迹在圆度上的波动幅度，百分数越大，波动的幅度也越大。

最小圆度：控制画笔笔迹在圆度发生波动时，画笔的最小圆度尺寸值。

•散布：控制画笔笔画的偏离程度，百分数越大，偏离程度越大。参数设置如图2.6.9所示。

图 2.6.8　形状动态

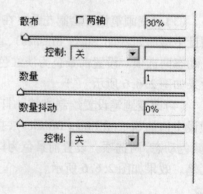

图 2.6.9　散布

两轴：选择此选项，画笔点在 X 和 Y 两个轴向上发生分散；不选择此选项，只在 X 轴上发生分散。

数量：控制画笔笔迹的数量，数值越大，画笔笔迹越多。

数量抖动：控制在绘制的笔画中画笔笔迹数量的波动幅度。

•纹理：设定画笔所绘图形的纹理。通过模式设置纹理的应用方式。参数设置如图2.6.10所示。

缩放：拖动滑块或输入数值，可以定义所使用的纹理的缩放比例。

模式：设置纹理的应用方式。

深度：设置纹理显示的浓度。数值越大，则纹理显示的效果越好。

•双重画笔：设定应用双画笔效果的相关参数。参数设置如图 2.6.11 所示。

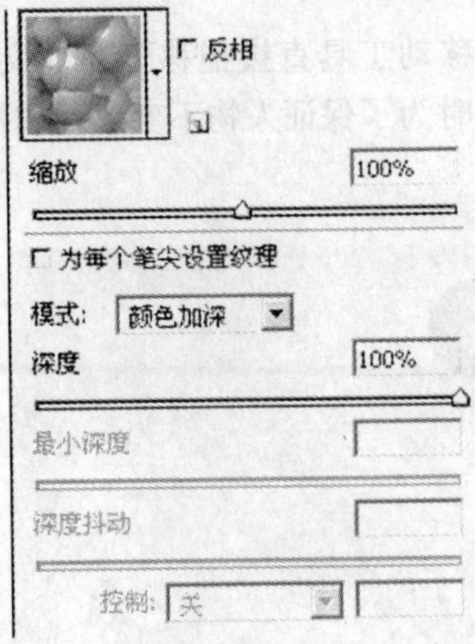

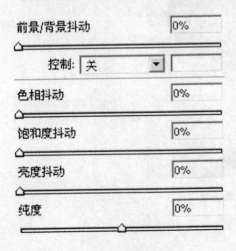

图 2.6.10   纹理

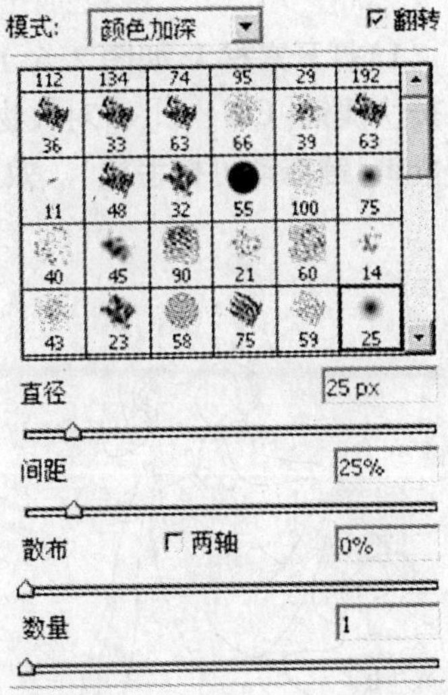

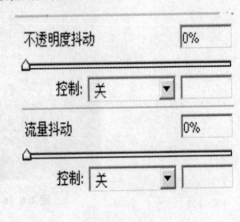

图 2.6.11   双重画笔

直径：控制叠加画笔的大小。

间距：控制叠加画笔的间距。

散布：设置叠加画笔。

•颜色动态：设定所绘图形的颜色效果。参数设置如图 2.6.12 所示。

前景/背景抖动：控制画笔的颜色变化情况，数值越大，越接近于背景色。

色相抖动、饱和度抖动、亮度抖动：控制画笔的色相、饱和度、亮度的随机效果，数值越大，则越接近于背景色色相、饱和度、亮度。

纯度：控制画笔的纯度。

•其他动态：设定其他的一些选项，包括不透明度、流量等。参数设置如图 2.6.13 所示。

不透明度抖动：设置画笔的随机不透明效果。

流量抖动：设置画笔绘图时的消退速度，数值越大，则越明显。

图 2.6.12   颜色动态

图 2.6.13   其他动态

任务四 使用油漆桶工具给人物上色

（1）打开素材1，如图2.6.14所示。选择人物，并用移动工具直接拖移到当前文件中，按快捷键[Ctrl]＋[T]对人物自由变换（改变人物大小时为了保证人物不变形，同时按住[Shift]键拖动可控手柄）。效果如图2.6.15所示。

图2.6.14 素材1

图2.6.15 嵌入人物

（2）选择油漆桶工具 ，将前景色设置为黄色，在人物裙子空白位置单击鼠标，裙子颜色就上好了。更换前景色为其他颜色，为人物各部分填充颜色。效果如图2.6.16所示。

图2.6.16 人物上色

项目小结

本项目利用画笔工具、渐变工具、油漆桶工具绘制图片,可以使用画笔画出柔和的线条、漂亮的图片,还可以将图片自定义为画笔。对渐变工具的使用,在更多的时候,其渐变色是在渐变编辑器里编辑出来的。

相关知识点

1. 自定义画笔绘制草丛效果

(1)新建一个大小为 640 像素×780 像素的文档。

(2)新建图层 1。选择多边形套索工具,描绘出要定义的笔刷形状,并将其填充黑色。

(3)按住[Ctrl]键,同时单击图层 1,调入图层 1 的图形选区。执行"编辑 | 定义画笔预设"命令,在弹出的对话框中,命名此画笔。

(4)新建图层 2。将前景色和背景色分别设置为绿色和深绿色。选择画笔工具,单击"切换画笔调板"按钮 ,选择刚才新定义的笔刷。

(5)设置画笔的动态参数。设置动态形状:大小抖动为 21%,控制为"渐隐",值 60。设置散布:勾选"两轴"选项,散布值为 294%。设置颜色动态:前景/背景抖动为 18%,控制为"渐隐",值 25,色相抖动为 11%,饱和度抖动为 6%,亮度抖动为 18%,纯度为 −46%。效果如图 2.6.17 所示。

2. 铅笔工具

铅笔工具用于徒手画硬质粗糙边界的线条。铅笔工具的选项栏及预设器与画笔工具设置类似,它们最大的区别就是不管所选的画笔有多模糊,铅笔工具不会产生毛边,它甚至不需要"边缘平滑"。铅笔工具的选项栏有"自动擦除"选项,如果再次绘制已经使用前景色绘制过的区域,则使用背景色填充绘制区域。利用该选项,能方便地绘制豹纹或斑纹图形,如图 2.6.18 所示。

图 2.6.17 自定义画笔

图 2.6.18 斑纹效果

3. 创建自定义渐变样式

"渐变编辑器"对话框如图 2.6.19 所示。

单击条状色彩会出现"渐变编辑器"对话框。图中各字符所指处含义如下。

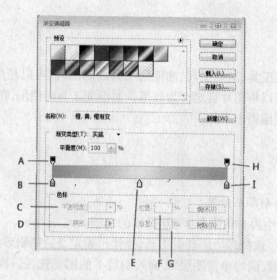

图 2.6.19　"渐变编辑器"对话框

A,H:不透明度。

B,E,I:色标。

C:不透明度。

D:色彩。

F,G:位置。

4. 油漆桶工具

油漆桶工具选项栏如图 2.6.20 所示。

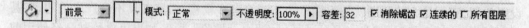

图 2.6.20　油漆桶工具选项栏

(1)填充 前景 ▾ :选择用前景色或图案填充方式。

(2)图案 ▢▢ :选择要使用的图案。

(3)模式:决定颜色的混合模式。

(4)不透明度:调整颜色的不透明度。

(5)容差:可选范围为 0～255,值越高单击时填充的颜色范围越广。

(6)消除锯齿:平滑填充选区的边缘。

(7)连续的:若选择,则填充与所单击像素邻近的像素,不选则填充图像中的所有相似像素。

(8)所有图层:指基于所有可见图层中的合并颜色数据填充像素。

相关操作方法

(1)添加色标:当鼠标指针在条形下方为手形指针时单击。

(2)更改色标颜色:双击色标。

(3)删除色标:拖曳色标至渐变编辑带外。

(4)添加不透明度及删除不透明度:与色标操作相同。

(5)添加新渐变:在编辑完毕后,在名称框中输入名称,单击"新建"按钮。

通过自定义渐变样式,可以尝试绘制天空彩虹效果,如图2.6.21所示。

图2.6.21　彩虹效果

项目2.7　修饰图像1

任务一　使用仿制图章工具复制图像

(1)打开素材1,如图2.7.1所示。

(2)选择仿制图章工具 ，在选项栏中,选择适当大小的画笔,勾选"对齐"选项。在其中一架飞机上,按住[Alt]键单击。

(3)在图像上适当位置,按住鼠标进行拖动。效果如图2.7.2所示。

图2.7.1　素材1

图2.7.2　最终效果

相关知识点

仿制图章工具可以轻松地复制图像中的一部分并粘贴到其他区域。在恢复被撕坏的或年久的照片时非常有效。其选项栏如图2.7.3所示。

图2.7.3　仿制图章工具选项栏

(1)画笔:设置画笔大小、硬度。使用较软的笔刷,复制出来的区域与原图像能较好地融合。

（2）模式：设定混合颜色的方式。

（3）不透明度：调整颜色的不透明度，数值越大颜色越深。

（4）流量：设置画笔效果作用于图像的快慢。

（5）对齐：选定状态下按住［Alt］键单击的点和第一次开始拖动鼠标的点之间的距离为基准复制图像。未选定状态下连续复制单击的部分。

（6）取样：有当前图层、所有图层、当前和下一图层三种取样方式对画面进行复制。

任务二　使用图案图章工具复制图像

（1）打开素材 2，如图 2.7.4 所示。

（2）选择矩形选框工具，设置羽化值为 0，在画面中框选叶子。执行"编辑|定义图案"命令，将叶子定义为图案。

（3）打开素材 3，如图 2.7.5 所示。选择图案图章工具，在选项栏中设置画笔大小，勾选"对齐"，图案为刚才定义的叶子，不透明度为 30%。

图 2.7.4　素材 2　　　　　　　　　　　　　　图 2.7.5　素材 3

（4）在图像上适当位置，按住鼠标进行拖动。效果如图 2.7.6 所示。

图 2.7.6　图案图章工具绘制

相关知识点

图案图章工具，利用已经存在的图案进行绘画，对图像的局部区域进行精确的图案操作。其选项栏如图 2.7.7 所示。

（1）画笔：设置画笔大小、硬度。使用较软的笔刷，复制出来的区域与原图像能较好地融合。

（2）模式：设定混合颜色的方式。

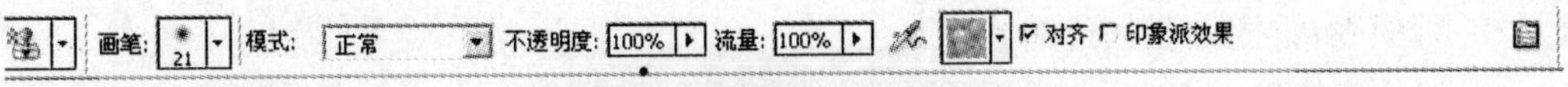

画笔 21 模式：正常 不透明度：100% 流量：100% 对齐 印象派效果

图2.7.7 图案图章工具选项栏

（3）不透明度：调整颜色的不透明度，数值越大颜色越深。

（4）流量：设置画笔效果作用于图像的快慢。

（5）喷枪：设置是否采用喷枪画笔功能，如果采用，当按下鼠标不动时，所绘图形区域能不断扩散加强。

（6）图案：选择所采用图案。

（7）对齐：选定状态下，以按住［Alt］键单击所定义的仿制点和第一次开始拖动鼠标点之间的距离为基准，复制图像。未选定状态下连续复制单击的部分。

（8）印象派效果：设定绘制的图案是否具有印象派效果。

任务三 使用历史记录艺术画笔制作特定效果

（1）打开素材4，如图2.7.8所示。

（2）执行"图像｜调整｜去色"命令，将图片转为黑白效果，如图2.7.9所示。

图2.7.8 素材4

图2.7.9 去色

（3）选择历史记录画笔，在历史记录画笔工具选项栏中设置笔触参数。在天空涂抹的过程中，可以适当地调整笔触参数，完成的效果如图2.7.10所示。

（4）以同样的方法，可以选择历史记录艺术画笔工具，设置画笔大小为5像素，样式为紧绷短，在画面中涂抹，做出如图2.7.11所示的效果。将画笔大小设置为2像素，样式为紧绷卷曲，在画面中涂抹，效果如图2.7.12所示。（历史记录艺术画笔工具的笔尖越细，恢复的效果越细腻。）

图 2.7.10   恢复天空色彩

图 2.7.11   历史记录艺术画笔效果 1

图 2.7.12   历史记录艺术画笔效果 2

相关知识点

　　历史记录画笔工具能将其涂抹过的图像区域恢复到原始状态。历史记录艺术画笔工具能在把图像区域恢复到原始状态的同时添加一些绘画效果。选项栏如图 2.7.13 所示。

| ✍ ▾ | 画笔: ✱ 21 | 模式: | 正常 ▾ | 不透明度: 100% ▸ | 样式: | 绷紧短 ▾ | 区域: 50 px | 容差: 0% ▸ | ▤ |

图 2.7.13   历史记录画笔工具选项栏

　　(1) 画笔:设置画笔大小、硬度。使用较软的笔刷,复制出来的区域与原图像能较好地融合。

(2)模式:设定混合颜色的方式。

(3)不透明度:调整颜色的不透明度,数值越大颜色越深。

(4)样式:决定画笔的样式和艺术属性。

(5)区域:设置的值越大,会对越大的区域使用画笔接触效果。

(6)容差:设置画笔宽度在两侧的容许范围。

(7)"动态画笔"按钮 :设置画笔的多种渐隐效果。

任务四　使用污点修复画笔工具修复污点

(1)打开素材5,如图2.7.14所示。可以看见金蛋上有一些污点。

(2)选择污点修复画笔工具 ,设置画笔直径为18像素,画笔硬度为0%,勾选"近似匹配"选项。

(3)在金蛋的污点上多次单击鼠标左键或者按住左键拖动鼠标即可。效果如图2.7.15所示。

图2.7.14　素材5

图2.7.15　污点修复效果

相关知识点

污点修复画笔工具可以采用拖动和单击的方法来修复小污点。在操作时,单击或者小面积地修复效果较好。其选项栏如图2.7.16所示。

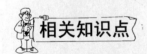

图2.7.16　污点修复画笔工具选项栏

(1)画笔:选择画笔大小,一般选比污点稍大一点的画笔最好。

(2)模式:选取混合模式。选取"替换"可以保留画笔描边的边缘处的杂色、胶片颗粒和纹理。

(3)类型:"近似匹配"使用选区边缘周围的像素来查找要用作选定区域修补的图像区域;"创建纹理"使用选区中的所有像素创建一个用于修复该区域的纹理。如果纹理不起作用,可尝试再次拖过该区域。

(4)对所有图层取样:选择该选项,可从所有可见图层中对数据进行取样;如果取消该选项,则只从当前图层中取样。

任务五　使用修复画笔工具复制部分图像

（1）打开素材6，如图2.7.17所示。可以看到枫叶上有一个蛀洞。

（2）选择修复画笔工具 ，按下[Alt]键，在蛀洞附近进行取样。

（3）在蛀洞位置，按住左键适当拖动鼠标对原图进行枫叶的修复。最终效果如图2.7.18所示。

图2.7.17　素材6　　　　　　　　　　　　　　图2.7.18　蛀洞修复效果

相关知识点

使用修复画笔工具可以将一个图像的全部或部分连续复制到同一个或另外一个图像中，并且与被复制图像的原底产生互为补色的图案。其选项栏如图2.7.19所示。

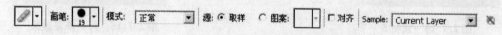

图2.7.19　修复画笔工具选项栏

（1）画笔：选择画笔大小。

（2）模式：选取混合模式。

（3）源：选取用于修复像素的源，"取样"可以使用当前图像的像素，而"图案"可以使用某个图案的像素。

（4）对齐：选择"对齐"，对像素连续取样，即使松开鼠标按键时也是如此；若取消选择，则会在每次停止并重新开始绘画时使用初始取样点中的样本像素。

（5）Sample：选择取样数据的图层。

任务六　使用修补工具修补图像区域

（1）打开素材5，如图2.7.14所示。

（2）选择修补工具 ，设置新选区，修补为源。用修补工具将污点区域框选为选区，如图2.7.20所示。

（3）按住鼠标左键将这个选区拉到附近，松开鼠标左键即可达到修补目的。

（4）对其他的污点，执行相同操作。最终效果如图2.7.21所示。

图 2.7.20　选择修补区域

图 2.7.21　修补后的效果

相关知识点

修补工具可以用其他区域或图案中的像素来修复选中的区域,也可以使用修补工具来仿制图像的隔离区域。其选项栏如图 2.7.22 所示。

图 2.7.22　修补工具选项栏

(1)修补区域:有"新选区"、"添加到选区"、"从选区减去"、"与选区交叉"四个选项。

(2)修补:选择"源",能将选区边框拖移到想要从中进行取样的区域,松开鼠标时,使用样本像素对原选中的区域进行修补;选择"目标",能将选区边框拖移到要修补的区域,松开鼠标时,会使用样本像素修补新选中的区域。

(3)透明:控制修复后的图像是边缘融合还是纹理融合。未选择"透明"选项,修复后的图像会发生边缘融合。

(4)使用图案:从选项栏的"图案"调板中选择一个图案。

任务七　使用红眼工具修复瞳孔颜色

(1)打开素材 7,如图 2.7.23 所示。

(2)选择红眼工具 ,设置瞳孔大小为 40%,变暗量为 30%,在眼睛处单击。效果如图 2.7.24 所示。

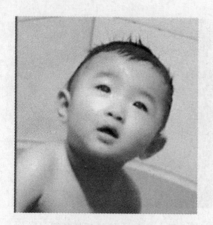

图 2.7.23　素材 7

图 2.7.24　修复红眼效果

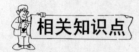相关知识点

红眼工具可移去用闪光灯拍摄的人物照片中的红眼,也可以移去用闪光灯拍摄的动物照片中的白色或绿色反光。其选项栏如图 2.7.25 所示。

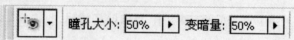

图 2.7.25　红眼工具选项栏

(1)瞳孔大小:设置瞳孔(眼睛暗色的中心)的大小。

(2)变暗量:设置瞳孔的暗度,值越大颜色越暗。

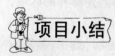项目小结

Photoshop 工具组一个重要的作用就是修饰图像,本项目中介绍了一些图像修饰工具的基本使用方法与效果。对图像进行修复时,注意根据需要选择工具,并对其工具选项栏进行适当设置。

项目 2.8　修饰图像 2

任务一　使用模糊工具突出图像主体

(1)打开素材 1,如图 2.8.1 所示。

(2)选择模糊工具 ,在选项栏上将画笔主直径设置为 48 像素,模式设置为正常,强度设置为 50%。为了突出撑着雨伞的女孩,将模糊工具在除女孩之外的地方采用单击鼠标左键拖动的方式进行模糊,可以根据需要改变选项栏的参数值。效果如图 2.8.2 所示。

图 2.8.1　素材 1

图 2.8.2　模糊后的效果

任务二　使用模糊、锐化、涂抹工具修饰图片

（1）打开素材 2，如图 2.8.3 所示。

（2）选择模糊工具 ，在选项栏上将画笔主直径设置为 48 像素，模式设置为正常，强度设置为 50%，为柔化猴子腹部的绒毛，在猴子腹部涂抹，可以根据需要改变选项栏的参数值。效果如图 2.8.4 所示。

（3）选择锐化工具 ，在选项栏上将画笔主直径设置为 65 像素，模式设置为正常，强度设置为 30%，为粗化猴子背部的毛，在猴子背部涂抹，可以根据需要改变选项栏的参数值。效果如图 2.8.4 所示。

图 2.8.3　素材 2

图 2.8.4　模糊、锐化、涂抹效果

（4）选择涂抹工具 ，在选项栏中勾选"手指绘画"选项，选择合适的画笔，设置前景

色为棕黑色,在画面中猴子的毛发部位划拉,效果如图2.8.4所示。

相关知识点

　　模糊、锐化、涂抹工具选项栏如图2.8.5所示。模糊工具的作用是将涂抹的区域变得模糊,淡化色彩边缘;锐化工具则是将画面中模糊的部分变得清晰,强化色彩的边缘;涂抹工具可以创建手指涂抹过的效果。涂抹、锐化与模糊工具的使用方法相同,但模糊工具的操作是可持续作用的,也就是说鼠标在一个地方停留时间越久,这个地方被模糊的程度就越大。

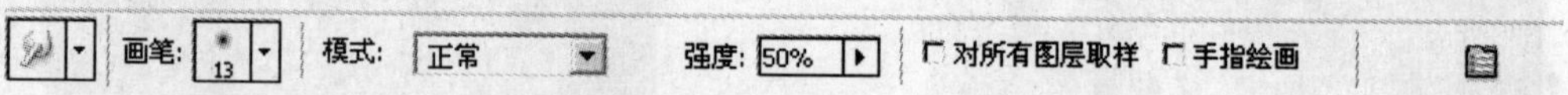

图 2.8.5　模糊、锐化、涂抹工具选项栏

　　(1)画笔:选择画笔大小、笔尖形状等。
　　(2)模式:决定颜色的混合模式,如变亮、变暗、颜色、亮度等。
　　(3)强度:设定作用效果的强度,强度越大则操作效果越明显。
　　(4)对所有图层取样:在选定状态下,以当前画面中显示的图像为基准进行选择,而与图层无关。
　　(5)手指绘画:使用涂抹工具时结合前景色。

任务三　使用减淡、加深、海绵工具修饰图片

　　(1)打开素材3,如图2.8.6(a)所示。
　　(2)选择减淡工具 ，在选项栏中选择合适大小的画笔,曝光度设置为50%,设置范围为高光,在图片右半部分上涂抹,效果如图2.8.6(b)所示。将图片恢复到原始状态,在选项栏分别选择阴影、中间调,涂抹画面相同区域,效果如图2.8.6(c)和(d)所示。

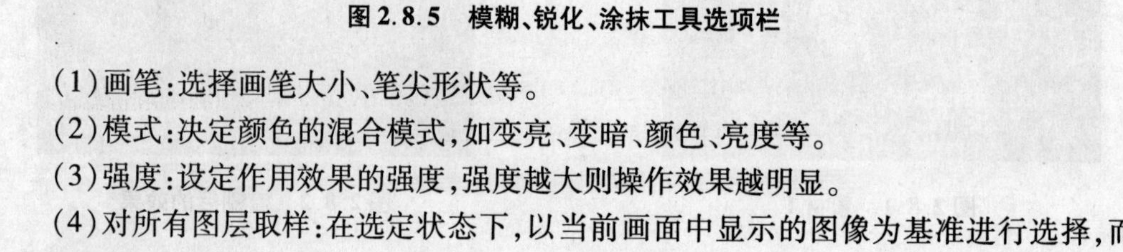

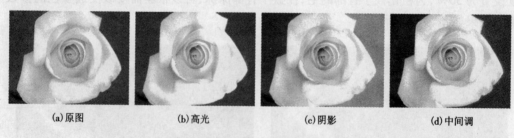

(a)原图　　　　　(b)高光　　　　　(c)阴影　　　　　(d)中间调

图 2.8.6　减淡工具应用不同范围

　　(3)选择加深工具 ，在选项栏中选择合适大小的画笔,曝光度设置为50%,设置范围分别为阴影、中间调、高光,在图片右半部分上涂抹,效果如图2.8.7所示。
　　(4)选择海绵工具 ，在选项栏中选择合适大小的画笔,流量设置为50%,设置模式分别为去色、加色,在图片右半部分上涂抹,效果如图2.8.8所示。

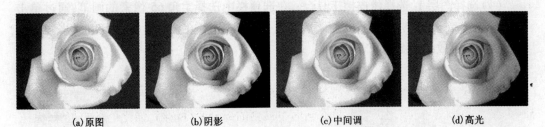

(a)原图　　　(b)阴影　　　(c)中间调　　　(d)高光

图2.8.7　加深工具应用不同范围

(a)原图　　　　　(b)去色　　　　　(c)加色

图2.8.8　海绵工具应用不同范围

相关知识点

　　减淡工具的作用是局部加亮图像;加深工具的作用是将图像局部变暗;海绵工具的作用是降低或提高图像局部的色彩饱和度。

任务四　使用橡皮擦擦除图像

　　(1)打开素材4和素材5,如图2.8.9和图2.8.10所示。

图2.8.9　素材4　　　　　　　　　图2.8.10　素材5

　　(2)选择移动工具 ，将素材4拖动到素材5,并移动至适当位置。效果如图2.8.11所示。

　　(3)选择缩放工具 ，在瓶子中间单击以放大图像显示。

（4）选择图层1，选择橡皮擦工具 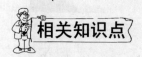，在选项栏中选择柔角65像素的画笔，通过单击鼠标左键或者拖动鼠标的方式将瓶子后面白色背景擦除，在擦除过程中可以适当调整画笔粗细。最后效果如图2.8.12所示。

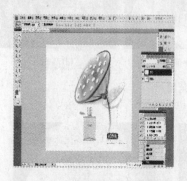

图2.8.11　在素材5中嵌入素材4

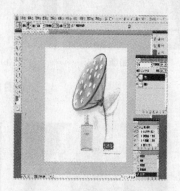

图2.8.12　瓶子融合于背景

相关知识点

　　橡皮擦工具的主要作用是擦除图片中不需要的区域。在背景图层中擦除的部分将以背景色填充；在普通图层中擦除的部分以透明区的方式显示。

　　橡皮擦工具选项栏如图2.8.13所示。

图2.8.13　橡皮擦工具选项栏

　　（1）画笔：设置橡皮擦的笔头大小和软硬程度。正确选择画笔硬度才能产生真实的主体边缘，主体的边沿很尖锐时，画笔要硬；主体的边沿比较柔或模糊时，要适当减小画笔的硬度。

　　（2）模式：包含画笔、铅笔和块三种。选择画笔模式，橡皮擦擦除时边缘比较柔和；选择铅笔模式，橡皮擦擦除时边缘比较尖锐；选择块模式，橡皮擦变成块。

　　（3）不透明度：决定删除像素的程度，100%为完全删除，被操作的区域将完全透明。

　　（4）流量：设置橡皮擦工具作用于图像的快慢。

　　（5）抹到历史记录：选定时，可以实现与历史记录画笔工具相同的效果。

　　（6）"动态画笔"按钮 ▣：设置画笔的多种渐隐效果。

任务五　使用背景橡皮擦抠图

　　（1）打开素材6，如图2.8.14所示。

　　（2）选择吸管工具 ✐，将头发的颜色（浅棕色）设为前景色，发丝边缘的颜色（白色）

设为背景色。

（3）选择背景橡皮擦工具 ，设置画笔大小为 100 像素，硬度为 100%，限制为不连续，取样为背景色板，容差为 50%，勾选"保护前景色"，在画面中涂擦，效果如图 2.8.15 所示。

图 2.8.14 素材 6

图 2.8.15 擦除背景

相关知识点

背景橡皮擦工具可以轻松地擦除图像中的特定区域，特别是在擦除背景时非常有效。背景橡皮擦工具选项栏如图 2.8.16 所示。

图 2.8.16 背景橡皮擦工具选项栏

（1）画笔：设置画笔的大小及形状等。

（2）取样：包含连续、一次、背景色板取样三种方式。

☞连续取样：按住鼠标左键拖动时连续取样，其使用结果与普通橡皮擦工具相同。

☞一次采样：擦除与第一次单击点的颜色相近的颜色范围。

☞背景色板取样：擦除与背景色相近的颜色范围。

（3）限制：决定删除的格式。

☞连续：只能删除与取样点连成一片的区域。

☞不连续：图片内所有与取样点相似的区域都会被删除。

☞查找边缘：选中此项，可防止删除区域侵入主体而使其成为半透明。

（4）容差：决定删除的颜色范围，值越大，删除的颜色范围越广。

（5）保护前景色：在选定时，与当前前景色相似的部分不会被删除。

任务六 使用魔术橡皮擦

（1）打开素材 6，如图 2.8.14 所示。

（2）选择魔术橡皮擦工具 ，在选项栏中设置容差为 60，取消"连续"选项，在人物背景中单击鼠标左键,效果如图 2.8.17 所示。

（3）按快捷键[Ctrl] + [Z]撤销上次操作。在选项栏中设置容差为 200,取消"连续"选项,在人物背景中单击鼠标左键,效果如图 2.8.18 所示。

图 2.8.17　容差值为 60

图 2.8.18　容差值为 200

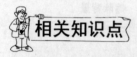 相关知识点

　　魔术橡皮擦工具在作用上与背景橡皮擦类似,都是将像素抹除以得到透明区域。但两者的操作方法不同:背景橡皮擦工具采用了类似画笔的绘制(涂抹)型操作方式,而魔术橡皮擦则是单击颜色相近的区域就可一次性删除的操作方式。

　　魔术橡皮擦工具选项栏如图 2.8.19 所示。

| 🖋 ▾ | 容差: 200 | ☑ 消除锯齿 | ☐ 连续 | ☐ 对所有图层取样 | 不透明度: 100% ▶ |

图 2.8.19　魔术橡皮擦工具选项栏

（1）容差:输入容差值定义可抹除的颜色范围,高容差会抹除范围更广的像素。

（2）消除锯齿:使涂抹边缘更平滑。

（3）连续:选择时只抹除被鼠标点击像素区域连续的像素,取消选择则抹除图像中的所有相似像素。

（4）对所有图层取样:利用所有可见图层中的组合数据来采集抹除色样。

（5）不透明度:定义颜色的不透明度,值越低,颜色的删除程度就越低。

项目小结

　　本项目中,进一步认识了修饰图像的基本方法与操作,能够根据图像处理需要正确选择图像修饰工具并能正确设置其选项栏,对图像进行相关修饰操作。

项目2.9 编辑图像

任务一 使用移动工具复制选定图像

(1)打开素材1,如图2.9.1所示。

(2)双击"图层"控制面板中的"背景"层,将背景层设置为图层0。

(3)选择椭圆选框工具,粗选素材图片中的小球。执行"选择|变换选区"命令调整选区适合球体,如图2.9.2所示。

(4)选择移动工具 ,同时按住[Alt]键并按住鼠标左键对选区进行拖动,在适当处释放鼠标,复制2个小球。按快捷键[Ctrl]+[D]取消选区。效果如图2.9.3所示。

图2.9.1 素材1

图2.9.2 选择小球

图2.9.3 复制效果

相关知识点

移动工具既可以编辑选取图片,也可以移动图片,不仅可以在当前图层移动,也可以将图片移动到另一个图片上。

移动工具选项栏如图2.9.4所示。

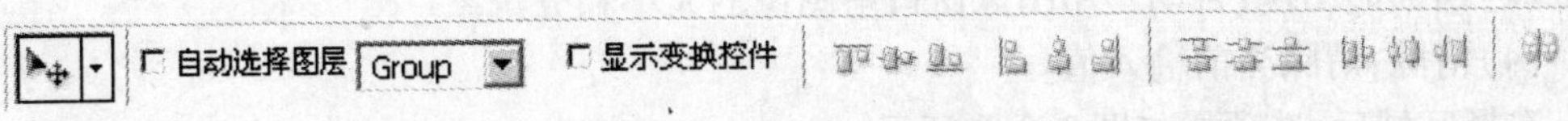

图2.9.4 移动工具选项栏

(1)自动选择图层:选择此项,只要单击鼠标左键,整幅图像被自动选定。

(2)显示变换控件:选择此项,在选区周围出现控制框,通过对选区的大小变换、形状转换、旋转等编辑选区。

(3)"排列和分布"按钮:用来对多个图层或选择区进行排列、对齐和等距离分布操作。

任务二　使用裁剪工具对图像进行裁剪

（1）打开素材2，如图2.9.5所示。

（2）选择裁剪工具 ，按住鼠标左键在图像中拖拉出一个矩形裁剪框，框外其他区域将变暗，框内是裁切后保留的区域，如图2.9.6所示。

图2.9.5　素材2

图2.9.6　矩形裁剪框

图2.9.7　裁剪效果

（3）调整裁剪框，在框内拖动鼠标可移动框位置，在框边缘拖动鼠标可改变框大小，在框外拖动鼠标可旋转框角度。调整完毕，按下回车键或在裁剪框内双击即可完成裁剪，也可以点击选项栏中的"提交"按钮，效果如图2.9.7所示。

相关知识点

裁剪工具可在图像中剪切所需要的部分图像。选择区域前，选项栏如图2.9.8所示。

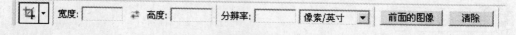

图2.9.8　选择区域前裁剪工具选项栏

（1）宽度和高度：设置裁剪区域的宽度和高度。

（2）分辨率：重新设置裁剪区域的分辨率。

（3）前面的图像：自动套用图像窗口中图像的大小和分辨率。

（4）清除：清除当前输入值。

选择区域后，选项栏如图2.9.9所示。

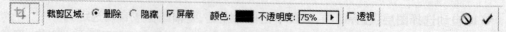

图2.9.9　选择区域后裁剪工具选项栏

（1）裁剪区域：决定被裁剪区域将被删除或是被隐藏。如果是隐藏，可以执行"图像|

显示全部"命令将其恢复。

(2)屏蔽和颜色：用颜色覆盖被选择区域以外的区域。

(3)不透明度：设置屏蔽颜色的不透明度，值越大，颜色越深。

(4)透视：选定状态下，可利用编辑点调整图像的远近效果。透视裁剪效果如图2.9.10所示。

图 2.9.10 透视裁剪效果

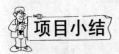

通过本项目的练习，学会了移动工具和裁剪工具的使用，可以使用移动工具移动、复制图像，使用裁剪工具对图像进行裁剪。

项目 2.10 使用吸管、颜色取样器、标尺工具

任务一 使用吸管工具设置前景色

(1)打开素材 1，如图 2.10.1 所示。

(2)选择吸管工具 ，将吸管工具移至天空处，可以在信息面板（图 2.10.2）上看见相应颜色的 RGB 或 CMYK 值、颜色的坐标以及宽度和高度，确定颜色后，单击鼠标左键，将前景色设置为天空蓝色，如图 2.10.3 所示。

图 2.10.1 素材 1   图 2.10.2 信息面板中颜色信息   图 2.10.3 前景

相关知识点

使用吸管工具时,按住[Alt]键可以在前景色和背景色之间进行取色转换。除了在图像中单击鼠标左键取色以外,还可以在图像中按住吸管工具后四处拖动,这样所经过地方的颜色将不断作为前景色。

任务二　使用颜色取样器工具进行颜色比较

(1)打开素材1,如图2.10.1所示。

(2)选择颜色取样器工具 ,在图片上单击鼠标左键,可以得到1号颜色取样器。在信息面板上可以看见1号颜色取样器所取的颜色值,如图2.10.4所示。

(3)同样的方法,可以建立2~4号颜色取样器,这样可以通过信息面板中的信息比较多个地方的颜色,如图2.10.5所示。

图2.10.4　1号颜色取样器及相关信息

图2.10.5　2~4号颜色取样器及信息

相关知识点

颜色取样器的主要用途就是在调整图像时监测几个地方(如高光部分、暗调部分)的颜色,通过这些数据可以避免这些地方的颜色被过度调整。颜色取样器工具最多可取4处,颜色信息将显示在信息面板中。可使用取样器工具来移动现有的取样点。如果切换到其他工具,画面中的取样点标志将不可见,但信息面板中仍有显示。

颜色取样器工具选项栏如图2.10.6所示。

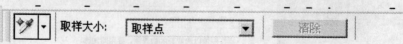

图2.10.6　颜色取样器工具选项栏

(1)取样大小:定义颜色取样方式,主要有取样点、3×3平均、5×5平均等。

☞取样点:只选择单击点处一个像素的颜色。

☞3×3 平均:选择单击点周围 3 像素×3 像素区域的颜色平均值。

☞5×5 平均:选择单击点周围 5 像素×5 像素区域的颜色平均值。

(2)清除:单击后可以同时删除用作取样点的 4 个点。

任务三　使用标尺工具度量

(1)打开素材 1,如图 2.10.1 所示。

(2)选择标尺工具 ✐,在背景中画出一条线段,如图 2.10.7 所示。

(3)在信息面板上,显示了该线段的角度(A)和长度(L),其中角度为 20.9°。

(4)执行"图像|图像旋转|任意角度"命令,在弹出的对话框中输入 20.9,单击"确定"。图像以采用标尺工具画出的线段为轴,顺时针旋转 20.9°,如图 2.10.8 所示。

图 2.10.7　度量线段

图 2.10.8　旋转效果

项目小结

通过本项目的练习,认识了吸管工具、颜色取样器工具和标尺工具的作用,并能掌握它们的操作方法。应该学会用吸管工具来设置前景色、背景色或者通过吸管工具对颜色的选取来填充图像、设置画笔颜色等;采用颜色取样器对颜色进行比较,从而准确地调整色彩;标尺工具不仅可以精确地对图像旋转进行辅助,也可以通过标尺工具测量角度和距离。

模块二
基础技能实例篇

模块二
基础技能实训篇

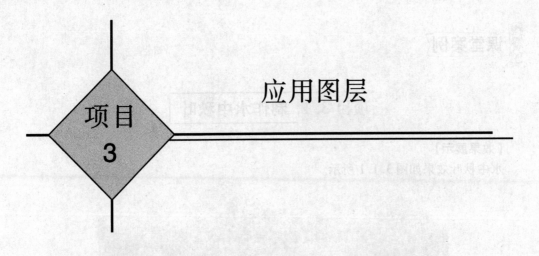

应用图层

项目
3

图层是 Photoshop 最常用、最重要的功能之一。能够灵活、熟练地运用图层，就能有效地提高工作效率，制作出非常精美的图像。

图层就像一张张的透明投影片，把几张叠放在一起，底下的内容可以透过透明区域显现出来，这些图层的最下方有称为背景图层的白色图纸。本项目通过八个小项目的制作，介绍图层相关概念以及图层的基本操作。

能力目标

◆能正确区分图层和蒙版图层。

◆能灵活运用图层、图层样式、图层蒙版与以前知识相结合来完成一些带有特殊艺术效果的图片制作。

知识目标

◆图层、图层样式、图层蒙版、图层混合模式的认识和应用。

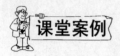

项目3.1 制作水中秋叶

【效果展示】

水中秋叶效果如图 3.1.1 所示。

图 3.1.1 水中秋叶效果

【制作思路】

首先利用移动工具、"色彩平衡"命令制作背景;再利用图层蒙版、图层不透明度制作水中倒影,利用橡皮擦工具、"色彩平衡"命令制作水中秋叶效果,利用"色相/饱和度"命令、仿制图章工具、橡皮擦工具制作水中手指,利用"动感模糊"命令制作动感手指;最后利用文字工具、钢笔工具和图层样式制作文字,利用调整图层修正图片。

【制作过程】

任务一 制作背景

(1)打开素材 1,如图 3.1.2 所示。本项目以素材 1 为底图。

(2)将背景图层拖到"创建新图层"按钮 上,得到背景副本,将光标放在图层副本上,单击鼠标右键,在弹出的快捷菜单中选择"图层属性"命令,设置名称为"湖面",颜色为默认。图层被重命名为"湖面"。(也可双击图层名称"背景副本",直接输入图层名称,实现图层的重命名)

(3)打开素材 2,如图 3.1.3 所示。选择移动工具,将素材 2 拖到素材 1 的上部,得到图层 1,重命名为"树林"。按快捷键[Ctrl]+[T],对树林图层进行自由变换。效果参见图 3.1.4。

图3.1.2 素材1

图3.1.3 素材2

（4）调整图片的色彩平衡。为了使整个画面具有秋天的气息,对湖面图层和树林图层分别执行"图像|调整|色彩平衡"命令,使画面颜色与秋天的颜色接近。效果如图3.1.4所示。

（5）右击复制树林图层,重命名"树林副本"为"树林倒影"。将复制的"树林倒影"图层移到画面下方,执行"编辑|变换|垂直翻转"命令。也可通过拖动一个图层到"创建新图层"按钮上实现图层复制。单击树林倒影图层图标前的眼睛,可以使图层在显示/隐藏状态之间切换。

（6）选中树林倒影图层,单击"添加矢量蒙版"按钮(链接图标:表示图像与蒙版处于链接状态,当移动图层时,蒙版也随着移动。蒙版图标:表示当前图层的选定状态是图像还是蒙版)。设置前景色、背景色分别为黑色和白色,选择渐变工具,设置渐变色为黑色到白色渐变,渐变方式为线性渐变,由下往上拖动鼠标,设置图层不透明度为30%。效果如图3.1.5所示。（图层蒙版是删除图层上不必要的区域,或对其进行柔和的遮挡,多用于对两个图像进行自然合成。用黑色在蒙版上涂抹将隐藏当前图层内容,用白色在蒙版上涂抹则会显露当前图层信息。图层蒙版的使用技巧:右键单击图层蒙版,会弹出有关图层蒙版的快捷菜单。在需要进行效果比较时,可以暂时隐藏图层蒙版。一旦完成对蒙版的编辑后,就要决定是应用蒙版还是放弃,最简单的办法是删除蒙版图标,选择应用或不应用。）

图3.1.4 湖面和树林

图3.1.5 树林倒影

任务二 插入图片

（1）打开素材3,如图3.1.6所示。使用魔棒工具选取黑色区域,再反相选取树叶,拖

到当前文档。将该图层命名为"树叶"。按快捷键[Ctrl]+[T]自由变换,调整树叶的大小、位置。执行"图像|调整|色相/饱和度"命令,调整树叶的色相,让其偏黄。效果参见图3.1.8。

（2）利用橡皮擦工具进行柔和处理。选中橡皮擦工具,以大小为65像素的柔和画笔,在树叶周围擦除。（在进行简单的合成处理时,利用橡皮擦工具来删除多余的部分是最合适的。与图层蒙版不同的是,该方法会损伤图像。）效果参见图3.1.8。

（3）打开素材4,如图3.1.7所示。选取手,拖到当前文档。将该图层重命名为"手"。按快捷键[Ctrl]+[T]自由变换,调整手的大小、位置。执行"图像|调整|色相/饱和度"命令,适当降低手的饱和度。

图3.1.6 素材3

图3.1.7 素材4

（4）选择仿制图章工具,对手进行仿制,使手形完整。选中橡皮擦工具,将画笔的不透明度设置为30%,以大小为65像素的柔和画笔,擦除手指在水中的部分,降低手指的可见性。效果如图3.1.8所示。

（5）制作手指周围湖面的旋涡。选择湖面图层,用椭圆选框工具选手指周围的湖面,执行"滤镜|扭曲|旋转扭曲"命令,设置角度为260度。

（6）给手指添加动感。复制手指图层得到手指副本,执行"编辑|变换|旋转"命令,向右旋转一定角度,执行"滤镜|模糊|动感模糊"命令,设置角度为-32度,距离为17像素,在图层面板中设置不透明度为80%。

（7）调整图层顺序。拖动手指副本图层到手指图层的下方。效果如图3.1.9所示。

图3.1.8 插入叶子和手

图3.1.9 手指的动感

(8)创建新的图层组。选中手指图层,单击"创建新组"按钮,对新建图层组重命名为"手指"。将手指图层及手指副本图层都拖到图层组文件夹样式的图标上,就进入了图层组。(从图层组出来,只要将图层拖出来即可。图层组的操作与图层操作类似,如图层组的打开与关闭,单击图层组左侧的箭头即可。)

任务三 制作文字

(1)切换到路径面板,单击"新建路径"按钮得到路径1。用钢笔工具在画面的中间绘制一条如图3.1.10所示的路径。

(2)选择钢笔工具,将鼠标移动到路径上,当鼠标中间出现一条折线时,单击鼠标,输入文字"往事随水中秋叶而去",字体为方正行楷,字号为60点。

(3)为文字图层填充渐变色。右键单击文字图层,选择"栅格化文字"。观察此时的文字图层图标发生了变化。按[Ctrl]键,同时单击文字图层图标,选择文字选区。选择渐变工具,设置渐变色为橙黄色到白色渐变,渐变方式为线性渐变,从文字选区左边往右边拖动鼠标。

(4)为文字图层添加图层样式。左键单击"图层样式"按钮(或双击图层空白处),为文字图层添加"描边"、"外发光"、"投影"图层样式。效果如图3.1.11所示。

图3.1.10 文字路径

图3.1.11 文字效果

(5)调整画面的清晰度。单击创建新的填充或调整图层,选择"亮度/对比度",设置亮度为-11,对比度为39。(填充或调整图层只对位于它下面的所有图层有影响。)

(6)合并图层。选择树林和树林倒影图层,按快捷键[Ctrl]+[E]合并两个图层。图像制作完成,效果如图3.1.1所示。(拼和图层:合并所有图层。向下合并:合并的同时,连同下方图层的属性也被应用,图层名将跟随下方图层。合并链接图层:合并选定的图层与链接的图层。合并可见图层:只合并那些眼睛图标被打开的图层。合并图层组:合并被选定的图层组里的所有图层。)

项目小结

通过本项目认识了图层、图层的基本操作方法、图层样式、图层蒙版、调整图层等相关知识点,复习了魔棒选取工具、钢笔工具、橡皮擦工具的使用。图层样式、图层混合模式、调整图层的使用会带来很多奇特的效果。实际情况中,可根据实际需要尝试运用不同的的图层样式、图层混合模式给图片带来的不同效果。

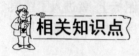相关知识点

1. 图层

图层的类型有普通层、背景层、文字层、调节层、效果层、形状图层。对图层的操作,要养成好的习惯。对图片操作时,尽量不要在背景层上操作,要新建图层,对图层及时重命名,以免图层过多不好辨认。图层过多时,将相同形式的图层归类成组,这样在以后使用时会方便许多。

2. 图层样式

图层样式也叫风格,可以理解为在一个图层内多个图层特效的组合构成一个图层样式。对一个图层做了几种特效后,可将这种组合保存成一个样式,便于以后反复使用。

应用样式时应注意:①欲添加图层样式的图层必须有填充,如果是空图层,可在选定样式后,用画笔、铅笔、喷枪等工具去涂;②选区应先填充再应用样式;③文字图层、形状图层可直接应用样式。

"图层样式"对话框在结构上分为三个区域:①"图层样式"列表区,就是各种各样的图层样式,例如"投影"、"外发光"、"内发光"等;②参数控制区,包含对应的参数设置;③预览区,在该区域中可以预览当前所有图层叠加在一起时的效果。

各图层样式的功能及参数设置如下。(各图层样式有相同的选项,其意义相同。)

1)"投影"图层样式

使用"投影"图层样式,可以为图像添加阴影效果。"投影"图层样式对话框中各参数含义如下。

(1)混合模式:为阴影选择不同的混合模式,可得到不同的效果。一般常用的方法是:较深的颜色,就用"正片叠底";较淡的颜色,就用"滤色"。单击其左侧颜色块,在弹出的"拾色器"对话框中选择颜色,可以将此颜色设定为投影颜色。

(2)不透明度:数值越大阴影效果越浓,反之越淡。

(3)角度:定义阴影的投射方向。

(4)全局光:在选中该选项的情况下,如果改变任意一种图层样式的"角度"数值,将会同时改变所有图层样式的角度;如果需要为不同的图层样式设置不同的角度数值,应该取消此选项。

(5)距离:定义投影的投射距离,数值越大,投影在视觉上距投射阴影的对象越远,反之投影越贴近投射阴影的对象。

(6)扩展:增加投影的投射强度,数值越大则投影的强度越大,颜色的淤积感觉越强烈。

(7)大小:控制投影的柔化程度大小,数值越大则投影的柔化效果越明显,反之越清晰。

(8)等高线:定义图层样式效果的外观,单击此下拉列表按钮,将弹出等高线列表,可在该列表中选择等高线的类型。

(9)消除锯齿:使应用等高线后的投影更细腻。

(10)杂色:为投影增加杂色。

2)"外发光"图层样式

使用"外发光"图层样式,可为图层增加发光效果,有两种不同的发光方式:纯色光和渐变光。外发光没有角度,是全体均匀发光的,与内发光正好相对。

3)"内阴影"图层样式

使用"内阴影"图层样式,可以为图像添加内阴影效果,使图像具有凹陷的效果。

4)"内发光"图层样式

该图层样式可以为图层增加发光效果,该样式的对话框与"外发光"图层样式相同,也没有角度,发光总是在图形的内部发生。

5)"光泽"图层样式

该图层样式通常用于创建光滑的磨光或金属效果。这种效果主要通过等高线的设置来实现。

6)"颜色叠加"图层样式

选择"颜色叠加"图层样式可以为图层叠加某种颜色。用这种样式,可以直接改变原图像的颜色。也可以通过混合模式,与原颜色混合。

7)"渐变叠加"图层样式

使用"渐变叠加"图层样式,可以为图层叠加渐变效果。涉及参数如下。

(1)样式:此下拉列表中包括"线性"、"径向"、"角度"等五种渐变类型。

(2)与图层对齐:在此选项被选中的情况下,如果从下到上绘制渐变,由图层中最上面的像素应用至最下面的像素。

8)"图案叠加"图层样式

使用该图层样式,可以在图层上叠加图案,其对话框及操作方法与"颜色叠加"图层样式相似。

9)"斜面和浮雕"图层样式

该图层样式可以将各种高光和暗调添加至图层中,从而创建具有立体感的图像,在实际工作中此样式使用非常频繁。涉及参数如下。

(1)样式:设置效果的样式。在此分别可以选择"外斜面"(仅修改透明像素)、"内斜面"(仅修改图像像素)、"浮雕效果"、"枕状浮雕"(浮雕效果和枕状浮雕会同时修改透明度和图像像素)、"描边浮雕"(会因参数不同而有不同的影响)五个选项。

(2)方法:有三种创建斜面和浮雕效果的方法,即"平滑"、"雕刻清晰"及"雕刻柔和"。

(3)方向:选择斜面和浮雕效果的视觉方向。选择"上"选项,在视觉上斜面和浮雕效果呈现凸起效果;选择"下"选项,在视觉上斜面和浮雕效果呈现凹陷效果。

10)"描边"图层样式

使用"描边"图层样式,可以用颜色、渐变或图案三种方式为当前图层中的不透明像素描画轮廓。涉及参数如下。

(1)大小:控制"描边"的宽度,数值越大则生成的描边宽度越大。

(2)位置:选择"外部"、"内部"、"居中"三种描边的位置。

(3)填充类型:包括"颜色"、"渐变"和"图案"三个选项。

3. 图层锁定

根据操作需要,选定图层,单击锁定功能,可对图层进行锁定以免误操作。图层锁定可分为锁定透明像素、锁定图像像素、锁定位置、锁定全部。

4. 放大面板中的缩览图

单击图层面板的弹出式菜单按钮,选择"面板选项"命令在图层面板选项对话框中,更改缩览图大小。

5. 显示和隐藏图层的方法

左键单击图层前面的眼睛图标,可使图层在显示和隐藏状态之间切换。如果要隐藏所有的相关图层,可以在眼睛列中单击并拖动。

6. 将背景图层转化为透明图层

在图层面板中双击背景图层(或执行"图层|新建|图层背景"命令),可将背景图层转化为透明图层。透明图层到背景图层的转换也使用该菜单完成。

7. 调整图层

使用调整图层可以通过蒙版对图像进行颜色校正和色调调整。如果不喜欢调整的结果或需要改变这些效果,可以随时撤销或进行调整。

调整图层可以创建多个。调整图层会影响它下面的所有图层。如果希望调整图层只影响某些特定图层,可以由该调整图层及这些特定图层创建一个图层组。(按[Alt]键,左键单击图层之间的分界线。)

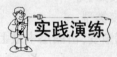 实践演练

项目 3.2　制作奥运五环

【效果展示】

奥运五环效果如图 3.2.1 所示。

图 3.2.1　奥运五环效果

【制作思路】

利用椭圆选框工具制作圆环,利用图层样式制作圆环立体效果,合理运用选区和图层制作圆环相扣效果。

【制作过程】

任务一　制作五环

（1）新建大小为 500 像素 × 300 像素，分辨率为 150 像素/英寸的白色画布。

（2）新建图层 1，执行"视图|显示|网格"命令显示网格。选择椭圆选框工具，同时按住[Alt] + [Shift]键，在网格中央画一圆形选区，并填充蓝色。取消选区，再从蓝圆的中心作一适当大小的圆形选区，按[Del]键删除选择部分。效果分别如图 3.2.2 和图 3.2.3 所示。

图 3.2.2　蓝色圆　　　　　　　　　　　　　　图 3.2.3　圆环

（3）取消选区，按住[Ctrl]键，同时单击图层选中这个蓝色圆环，执行"图层样式|斜面和浮雕"命令，设置样式为内斜面，方法为平滑，深度为 174%，方向为上，大小为 30 像素，软化为 4 像素，角度为 135 度，高度为 0 度，光泽等高线为 ring，其余取默认值；执行"图层样式|内发光"命令，设置方法为柔和，源为居中，大小为 25 像素，等高线为 ring，其余取默认值。效果如图 3.2.4 所示。

（4）将图层 1 复制五次，在图层面板由下而上将五个环分别命名为蓝、黑、红、黄、绿，并排列各圆环。五个圆环的对齐排列方法是：同时选中蓝、黑、红三图层，点击选项栏的垂直居中对齐使三环在同一水平线上，点击选项栏的"按左分布"按钮使三圆环水平间距一致；对黄、绿两图层执行相同操作。效果如图 3.2.5 所示。

图 3.2.4　斜面浮雕和内发光效果　　　　　　　图 3.2.5　五圆环

（5）执行"图像|调整|色相/饱和度"命令，在对话框中勾选"着色"选项，对五个环分别调整颜色。

任务二　制作圆环相套效果

（1）选中蓝图层，选择椭圆选框工具，框选与黄圆环相交处，此时选区效果如图 3.2.6 所示。执行"选择 | 修改 | 羽化"命令，设置羽化值为 5。

（2）执行"图层 | 新建 | 通过拷贝的图层"命令（快捷键 [Ctrl] + [J]），得到图层 1，将图层 1 移动到顶层后，蓝黄两环套在了一起。效果如图 3.2.7 所示。

（3）使用相同的方法，将五环都套起来。效果如图 3.2.1 所示。

（4）隐藏背景层，合并可见图层，对五环应用"图层样式 | 投影"命令，设置距离为 11 像素，扩展为 14%，大小为 18 像素，其余取默认值。最终效果如图 3.2.1 所示。

图 3.2.6　选中蓝圆环与黄圆环相交处　　　　图 3.2.7　蓝圆环与黄圆环相交

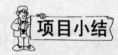

项目小结

通过奥运五环的制作，认识了图层和选区的灵活使用，练习了图层样式得到的特殊效果。实际练习中，灵活运用图层样式，可以根据实际情况举一反三制作出多种效果。

相关知识点

（1）圆环的制作可利用网格来实现。

（2）白背景和奥运五环的颜色顺序都有特定的含意，不可混乱。

（3）图层样式里面有 12 种效果，利用这些图层样式中的效果可以做出很多不同的图形。

项目3.3　制作透明水珠

【效果展示】

透明水珠效果如图 3.3.1 所示。

【制作思路】

本项目的制作需要观察并理解水珠的高光区、亮光区、反光区及投影区的色彩明暗区别。在项目制作过程中，首先利用椭圆选框工具、羽化命令及画笔工具创建水珠的初始原型，再用图层样式制作水珠光影效果，最后复制多个图层并分别自由变换得到多个水珠的效果。

图 3.3.1　透明水珠效果

【制作过程】

任务一　制作水珠背景

（1）新建一个大小为 400 像素 ×400 像素,分辨率为 72 像素/英寸,被命名为"水珠",背景色为白色的文件。

（2）将前景色设为#0580ac,背景色设为白色。在工具箱中选择渐变工具,从画面的左下角到右上角拉一个从前景色到背景色的线性渐变。效果如图 3.3.2 所示。

图 3.3.2　背景制作

任务二　制作水珠

（1）左键单击图层面板的"创建新图层"按钮新建图层 1,并重命名为"水珠"。选择椭圆选框工具,绘制一个如图 3.3.3 所示的正圆选区。

（2）将前景色设为 #0a93bd,按快捷键［Alt］+［Del］填充选区(注:此时,不要取消选区)。再次左键单击"创建新图层"按钮新建图层,重命名为"亮部"。将前景色设为 #91d5e2,选择画笔工具,画笔直径为 60 像素,硬度为 0%,在水珠的左下部涂抹。效果如图 3.3.4 所示。

图 3.3.3　创建选区

（3）选择椭圆选框工具，在选项栏中选择"从选区减去"模式，绘制一个如图 3.3.5 所示的选区。在选区上单击鼠标右键，在弹出的快捷菜单中选择"羽化"命令，羽化半径为 3 像素。

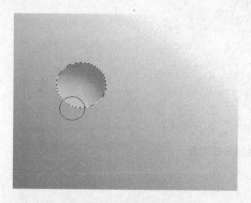

图 3.3.4　画笔涂抹效果

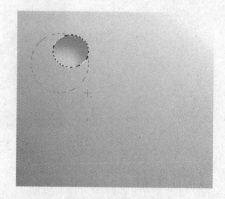

图 3.3.5　选区相减

（4）左键单击图层调板下方的"创建新图层"按钮新建图层，重命名为"高光"。然后，使用白色填充选区，并将不透明度调为 77%。按快捷键［Ctrl］+［D］取消选区。效果如图 3.3.6 所示。

（5）左键单击图层调板下方的"创建新图层"按钮新建图层，重命名为"高光 2"。再次选择画笔工具，画笔直径约 4 像素，硬度为 0%，绘制如图 3.3.7 所示的图形。

图 3.3.6　不透明度效果

图 3.3.7　画笔效果

任务三　制作光影效果

（1）点击"创建新图层"按钮新建图层，并重命名为"反光"。

（2）选择椭圆选框工具，绘制如图 3.3.8 所示的选区。在选区上单击鼠标右键，在弹出的快捷菜单中选择"羽化"命令，羽化半径为 8 像素。用白色填充选区，效果如图 3.3.8 所示。

（3）新建图层，重命名为"光影"，并将其移动到"背景"图层的上面，使用椭圆选框工具绘制如图 3.3.9 所示的选区，然后使用白色填充选区。效果如图 3.3.9 所示。

（4）双击"光影"图层的缩略图，调出"图层样式"对话框，选择"渐变叠加"选项，参数

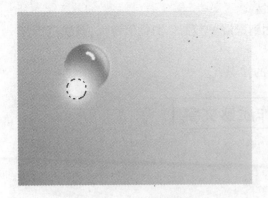

图 3.3.8　创建反光

图 3.3.9　光影选区

设置如图 3.3.10 所示。其中渐变编辑器中三个色标的颜色值依次是#63afcd，#ffffff，#07709f。图 3.3.11 所示是添加图层样式后的效果。

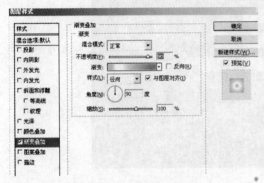

图 3.3.10　渐变叠加参数设置

图 3.3.11　水珠效果

(5)在图层调板中，选择除"背景"图层以外的所有图层，按快捷键[Ctrl]＋[E]合并图层，将新图层命名为"水珠"。在工具箱中选择移动工具，按住[Alt]键不放，拖动鼠标，这样可以复制"水珠"图层，得到一颗新的"水珠"。然后按快捷键[Ctrl]＋[T]进入自由变换模式，调整图层大小及位置。重复上面的步骤，最终效果如图 3.3.1 所示。

项目小结

本项目中透明水珠的制作方法多次用到选区，选区是图像处理中最常用的工具；图层样式在图像合成处理中经常用到。项目的重点在于多个图层的叠加、选区的合理运用以及对水珠光影的观察、分析、理解。

相关知识点

(1)背景的制作运用到了渐变填充中的线性填充。

(2)选区的加减，从现有的选区中加上选区(按住[Shift]键)和从现有的选区中减去选区(按住[Alt]键)能灵活地创建出满意的选区。

（3）羽化。羽化可使选定范围的图边缘达到朦胧的效果。羽化值越大，朦胧范围越宽；羽化值越小，朦胧范围越窄。

（4）渐变叠加图层样式功能参见项目3.1的知识点。

项目3.4　制作质感文字

【效果展示】

质感文字效果如图3.4.1所示。

图3.4.1　质感文字效果

【制作思路】

首先利用圆角矩形工具绘制选区，然后分别对图层样式里面的投影、内阴影、内发光、斜面和浮雕、等高线、光泽、颜色叠加、渐变叠加选项进行设置，得出最终效果。

【制作过程】

任务一　制作背景

（1）按快捷键[Ctrl]+[N]新建一个名称为"质感文字"的文件，设置文件大小为640像素×480像素，分辨率为72像素/英寸，背景色为白色。

（2）设置前景色为黑色，按快捷键[Alt]+[Delete]填充给背景图层。

任务二　制作文字

（1）单击"创建新图层"按钮，新建一个图层1，设置前景色为蓝色。选择圆角矩形工具，在选项栏中单击绘制路径，在工作区拖出一个圆角路径，按快捷键[Ctrl]+[Enter]转换为选区，用前景色填充选区，按快捷键[Ctrl]+[D]取消选区。效果如图3.4.2所示。

（4）双击图层1进入"图层样式"对话框。设置"内阴影"图层样式：不透明度为100%，角度为180度，取消使用全局光，距离为7像素，大小为10像素，其余选默认值。

设置"内发光"图层样式:不透明度为 60%,渐变颜色为蓝色到透明,其余选默认值。设置"斜面和浮雕"图层样式:深度为 40%,大小为 8 像素,角度为 180 度,取消使用全局光,高度为 80 度,勾选"消除锯齿"选项,高光模式及阴影模式均为"正常",高光不透明度为 80%,其余选默认值。设置"等高线":等高线类型为 Half round,勾选"消除锯齿"选项。设置"光泽"图层样式:混合模式为颜色减淡,颜色为蓝色,不透明度为 20%,角度为 90 度,距离为 1 像素,勾选"消除锯齿"选项,其余选默认值。设置"颜色叠加"图层样式:混合模式为正常,颜色为蓝色,不透明度为 70%,其余选默认值。设置"渐变叠加"图层样式:混合模式为颜色减淡,不透明度为 60%,渐变为蓝色到透明色,勾选"反向"选项,角度为 180 度,其余选默认值。应用图层样式后效果如图 3.4.3。

图 3.4.2 圆角矩形

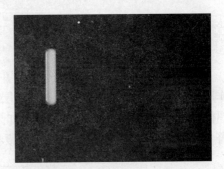

图 3.4.3 应用图层样式效果

(5)对图层 1 复制 2 次,并调整位置与距离,接着在工具箱选择椭圆工具,在图层 1 副本 2 上拖出两个椭圆形状,并按[Delete]键删除,如图 3.4.4 所示。

(6)重复步骤 5,做出其他的文字。文字"P"的制作,使用"编辑|变换|变形"命令实现文字的扭曲部分。选择 4 个英文字母并分别合并为 4 个 H、E、L、P 图层。效果如图 3.4.5 所示。

图 3.4.4 复制图层效果

图 3.4.5 四个文字

(7)选择 E 图层,执行"图像|调整|色相/饱和度"命令,将文字"E"调整为黄色。使用相同的方法将"L"、"P"分别调整为绿色和红色。效果参见图 3.4.1。

(8)合并所有的文字图层,并重命名为"文字"。复制文字图层得到文字副本图层。对文字副本图层,执行"编辑|变换|垂直翻转"命令翻转文字,选择移动工具将文字移开

错位。

（9）为文字副本图层添加图层蒙版，选择渐变工具对图层蒙版进行白色到黑色的线性渐变。调整文字副本图层的不透明度为70%。最终效果如图3.4.1所示。

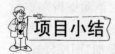

本项目主要通过丰富的图层样式中的投影、内阴影、内发光、斜面和浮雕、等高线、光泽、颜色叠加、渐变叠加等进行综合设置得到质感文字，利用图层蒙版、设置图层不透明度等制作文字倒影。

相关知识点

图层合并类型分为两种：一是"合并可见图层"（快捷键[Ctrl]+[Shift]+[E]），它的作用是把目前所有处在显示状态的图层合并，在隐藏状态的图层则不作变动；二是"拼合图像"，即将所有的层合并为背景层，如果有图层隐藏，拼合时会出现提示警告框，如果在警告框中单击"好"按钮，原先处在隐藏状态的层都将被丢弃。

项目3.5   制作水晶魔球

【效果展示】

水晶魔球效果如图3.5.1所示。

图3.5.1   水晶魔球效果

【制作思路】

本项目进行图片的合成，主要练习图层蒙版的使用。首先将水晶球和美女图合在一起，利用图层蒙版配合画笔，涂抹出天使套在魔球中的效果；然后对天使制作倒影，同样应用图层蒙版来实现；最后通过对图层的复制和自由变换命令得到其余两个小球中的天使。

【制作过程】

任务一　建立天使图层蒙版

（1）在 Photoshop 中打开本项目的两张素材图片，如图 3.5.2 和 3.5.3 所示。本项目以素材 2 作为底图。

图 3.5.2　素材 1

图 3.5.3　素材 2

（2）将人物图片拖入水晶球图片中，得到图层 1。确定当前图层为图层 1，在图层面板中单击"添加图层蒙版"按钮，在图层面板中可以看到图层 1 右边多了一个白方框，这就是图层蒙版。

任务二　编辑图层蒙版

（1）设置前景色为黑色，选择画笔工具，在选项栏中选一个主直径为 100 像素，硬度为 0% 的柔化边缘笔头。然后在人物图片的边缘部分涂抹，可以看到人物图片的边缘不见了，如图 3.5.4 所示。将前景色换成 50% 的黑色，再次在稍靠内里面的背景部分涂抹。

（2）觉得效果满意后，按快捷键［Ctrl］+［T］自由变换，调整图片的大小为水晶球的大小，然后移到合适的位置，如图 3.5.5 所示。（技巧：你可以将背景色设置为白色，如涂得不满意，按快捷键［X］可以调出白色来恢复刚才涂抹得不满意的地方。）

图 3.5.4　隐藏人物背景

图 3.5.5　调整人物位置及大小

任务三　制作天使倒影及最后效果

（1）复制图层 1 得到图层 1 副本。对图层 1 副本执行"编辑丨变换丨垂直翻转"命令，再添加图层蒙版，选择渐变工具，对蒙版进行上白下黑的线性渐变。最后将该图层的不透明度调整为 60%。合并图层 1 和图层 1 副本，并重命名为图层 1。效果如图 3.5.5 所示。

（2）复制图层 1 两次，对复制出来的人物执行自由变换，分别拖入其余两个小球中。最终效果如图 3.5.1 所示。

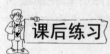

项目小结

本项目的实现结合了画笔配合图层蒙版的综合运用，通过画笔的不同颜色在图层蒙版进行涂抹，得出不同的效果。

相关知识点

新手使用图层蒙版时，容易犯的错误是忘记（或不知道）把图层作为目标还是把图层蒙版作为目标。如果目标是图层蒙版的话，那么在其上绘图的影响是隐藏或显示当前图层内容；而如果把图层作为目标，画笔涂抹将会替代原有的图层像素。要选择图层蒙版，在图层面板上，点击图层蒙版缩览图；要选择图层的话，就点击图层的缩览图。

课后练习

项目 3.6　制作玉镯子

【效果展示】

玉镯子效果如图 3.6.1 所示。

图 3.6.1　玉镯子效果

【制作思路】

首先利用选区描边及复制移动制作玉镯子模型,再综合利用各种图层样式实现玉器质感:利用投影样式为玉环添加阴影,利用外发光样式为玉环增加反光感,利用内发光样式来添加物质边缘的亮光,利用斜面和浮雕样式为玉环制作立体感及高光区,利用渐变叠加样式为玉器添加厚重感,光泽样式则为玉器制作色质、亮光的不均匀性。

【制作过程】

任务一　制作玉镯子外形

(1)新建大小为 1 024 像素 ×768 像素,分辨率为 72 像素/英寸的文件,用红色填充背景。

(2)新建图层 1。使用椭圆选框工具绘制椭圆,并执行"选择Ⅰ变换选区"命令调整选区大小及方向。

(3)执行"编辑Ⅰ描边"命令给选区描边,设置颜色为淡黄绿色,宽度为 3 像素,其余为默认值。取消选区,此时效果如图 3.6.2 所示。

(4)选择图层 1,选择移动工具,按住[Alt]键,同时按[↓]键 15 次,制作圆环高度,合并所有的图层 1 副本图层,重命名为"圆环"。

(5)选择圆环图层,选择移动工具,按住[Alt]键,同时按[→]键 6 次,制作圆环厚度,合并所有的圆环副本图层,重命名为"圆环"。此时效果如图 3.6.3 所示。

图 3.6.2　描边选区

图 3.6.3　圆环雏形

任务二　制作玉镯子质感

(1)双击圆环图层,为圆环添加"投影"图层样式,设置混合模式为"正常",不透明度为 40%,角度为 120 度,距离为 13 像素,扩展为 4%,大小为 13 像素,等高线为 cone,其余取默认值。效果如图 3.6.4 所示。

(2)为圆环图层添加"外发光"图层样式,设置混合模式为"滤色",不透明度为 30%,扩展为 0%,大小为 10 像素,其余取默认值。

(3)为圆环图层添加"内发光"图层样式,设置混合模式为"滤色",颜色为淡黄绿色,不透明度为 13%,阻塞为 40%,大小为 35 像素,其余取默认值。

(4)为圆环图层添加"斜面和浮雕"图层样式,设置深度为 100%,大小为 18 像素,软化为 2%,角度为 120 度,高度为 60 度,勾选"等高线"选项,其余取默认值。效果如图 3.

6.5 所示。

图 3.6.4　添加投影样式

图 3.6.5　添加斜面和浮雕样式

（5）为圆环图层添加"渐变叠加"图层样式，设置混合模式为"正常"，渐变色为深黄绿色到淡黄绿色，角度为 90 度，其余取默认值。

（6）为圆环图层添加"光泽"图层样式，设置混合模式为"正片叠底"，颜色为淡草绿色，不透明度为 50%，角度为 24 度，大小为 10 像素，距离为 60 像素，其余取默认值。

（7）对圆环图层复制两次，并将圆环错位移开。最终效果如图 3.6.1 所示。

项目 3.7　制作玉兔

【效果展示】

玉兔效果如图 3.7.1 所示。

图 3.7.1　玉兔效果

【制作思路】

首先利用形状工具绘制兔子，再导入玉镯，通过拷贝和编辑图层样式进行修改，最后对玉兔的图层样式进行参数设置得到最终结果。

【制作过程】

任务一　制作兔子

（1）打开素材 1 玉手镯的文件，如图 3.7.2 所示。

（2）单击"新建图层"按钮得到图层1，重命名为"兔子"。选择自定义形状工具，设置前景色为白色，选项栏中选择绘制填充像素选项，在兔子图层上绘制一只兔子。效果如图3.7.3所示。

图 3.7.2 素材1   图 3.7.3 兔子

任务二 制作蓝玉兔

（1）右键单击玉镯子图层，选择"拷贝图层样式"。

（2）回到兔子图层，右键单击图层，选择"粘贴图层样式"。兔子有了玉器质感，隐藏玉镯子图层，效果如图3.7.4。

图 3.7.4 粘贴图层样式

任务三 为玉兔添加絮状纹理

（1）双击兔子图层，打开"图层样式"对话框，改变渐变叠加的不透明度为78%，更改投影大小为29像素，效果如图3.7.5所示。

（2）为兔子图层添加图案叠加样式，设置不透明度为90%，图案为clouds，缩放为590%，其余取默认值。最终效果如图3.7.1所示。

图 3.7.5　更改投影及渐变叠加效果

项目 3.8　制作新年贺卡

【效果展示】

新年贺卡效果如图 3.8.1 所示。

图 3.8.1　新年贺卡效果

【制作思路】

首先利用文字工具制作文字,用图层样式制作文字效果;再利用形状工具绘制五角星,用图层样式为五角星制作效果;最后利用画笔工具为画面添加星光。

【制作过程】

任务一 制作文字

（1）打开素材1作为本项目的底图，如图3.8.2所示。

（2）选择文字工具，输入文字"Merry Christmas & Happy New Year!"，设置字体为 Brush Artist Std，字号为24点，颜色为白色。

（3）为文字添加"投影"图层样式，设置角度为60度，距离为20像素，大小为10像素，其余取默认值。为文字添加"外发光"图层样式，设置颜色为红色，扩展为3%，大小为13像素，其余取默认值。为文字添加"斜面和浮雕"图层样式，设置深度为110%，大小为13像素，软化为1像素，高光颜色为淡黄色，阴影颜色为橙色，其余取默认值。效果如图3.8.3所示。

图3.8.2 素材1

图3.8.3 制作文字

任务二 点缀贺卡

（1）打开素材2，如图3.8.4所示。选中铃铛，在文字的左边放入铃铛，自由变换铃铛的大小、位置。效果如图3.8.5所示。

图3.8.4 素材2

图3.8.5 加入铃铛

（2）新建图层2，并重命名为"星星"。设置前景色为黄色，用多边形工具绘制五角星。根据需要可为五角星添加"外发光"图层样式、"斜面和浮雕"图层样式。

（3）复制多个星星，调节其大小，组成一个半心形的图案。

（4）新建图层，取名为"星光"，点击画笔工具，选中星光笔触，在图面中适当的地方画上白色的星光。最终效果如图 3.8.1 所示。

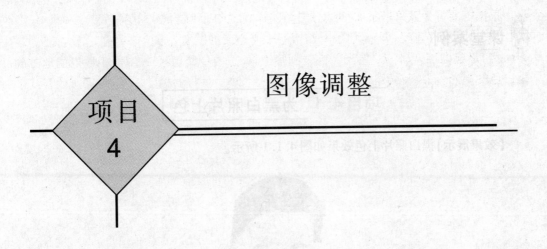

图像调整

与其说 Photoshop 是一个高级应用软件,不如说 Photoshop 是一个调色工具。要知道调节一张图片的色彩是多么重要。往往拍出来的照片要么太亮,要么太暗,要么太红,要么太绿,等等。过去,只能接受这种遗憾,而今天,利用 Photoshop 就可以很轻松地对照片进行很合理的调节。将过亮的照片调暗,将过红的照片调绿,只需要轻轻点击鼠标。而对于广告和装修行业来讲,使用 Photoshop 调节颜色更是必不可少的。

本项目通过一些简单案例,介绍图像颜色模式、图像和画布大小的调整等。

能力目标

◆能用图像调整命令调整图像色彩。

知识目标

◆掌握图像颜色模式设置。
◆熟练掌握图像调整方法,如色阶、对比度、曲线、饱和度、反相等。
◆掌握图像大小调整、画布大小调整等。
◆掌握旋转画布方法。

课堂案例

项目4.1　为黑白照片上色

【效果展示】黑白照片上色效果如图4.1.1所示。

图4.1.1　黑白照片上色效果

【制作思路】

首先进行图像模式的转换,然后给图像中的不同色彩区域添加颜色,再进行色相/饱和度、变化等的设置,将一张黑白照片制作成彩色照片。

【制作过程】

任务一　转换图像模式

(1)按快捷键[Ctrl]+[O]打开一幅黑白照片,如图4.1.2所示。

(2)执行"图像|模式|RGB颜色"命令,将黑白照片由灰度模式转换为RGB彩色模式。

任务二　勾绘不同区域添加色彩

(1)选择多边形套索工具,单击选项栏中"添加到选区"按钮,羽化值为2,选择人物的脸部及其他相应的皮肤区域,如图4.1.3所示。

(2)转换为快速蒙版模式后,利用黑色画笔工具修整选区的边缘,并对眼睛区域涂上红色以排除选区。将选项栏的压力值调低,对眉毛和分头区域涂抹红色,此时如图4.1.4所示。

(3)选择喷枪工具,在属性栏中设置模式为颜色。这样当使用喷枪工具在图像中进行涂抹时可以不影响原图像的亮度、对比度,而只添加色彩。

(4)打开画笔面板,根据图像尺寸选择一个适当大小的、柔软的画笔,在涂抹的过程中可以随时调整画笔。为了选择合适的颜色,打开一些参考图像,可以随时按下[Alt]键,

图 4.1.2　素材 1

图 4.1.3　勾绘出人物皮肤

将光标变为吸管工具,在人物脸上单击鼠标得到该颜色,然后返回到黑白图像中进行涂抹。

（5）取消选区后,人物皮肤上色后效果如图 4.1.5 所示。

（6）重新转换为快速蒙版模式,利用黑色画笔工具淡淡地涂抹嘴唇。退出快速蒙版模式后,按快捷键［Ctrl］+［Shift］+［I］反选,可以看到只选定了嘴唇。

（7）执行"图像|调整|色相/饱和度"命令（或按快捷键［Ctrl］+［U］）,属性设置如图 4.1.6 所示。

图 4.1.4　路径面板

图 4.1.5　皮肤上色后效果

（8）按快捷键［Ctrl］+［D］取消选区,完成所选区域的上色操作。效果如图 4.1.7 所示。

（9）重新转换为快速蒙版模式,利用黑色画笔工具淡淡地涂抹指甲。退出快速蒙版模式后,按快捷键［Ctrl］+［Shift］+［I］反选,可以看到只选定了指甲,如图 4.1.8 所示。

（10）执行"图像|调整|变化"命令,加深红色后,点击"确定"按钮,取消选定。效果如图 4.1.9 所示。

（11）应用多边形套索工具和快速蒙版模式选择人物手拿的听筒,执行"图像|调整|变化"命令,选择替换所需的颜色。最终效果如图 4.1.1 所示。

（12）也可通过执行"图像|调整|反相"命令,制作图片的底片效果,如图 4.1.10 所示。

图 4.1.6 "色相/饱和度"对话框

图 4.1.7 嘴唇上色

图 4.1.8 选择指甲

图 4.1.9 指甲上色

图 4.1.10 制作底片

 **项目小结**

  通过本项目的制作,进一步熟悉图像模式的转换,熟悉了"图像|调整|色相/饱和度"命令、"图像|调整|变化"命令和"图像|调整|反相"命令的设置方法及功能。读者可以自己选取素材进行调整设置。

相关知识点

1.色彩模式转换

见项目1。

2.色相/饱和度命令——调整图像的色彩

  选择"色相/饱和度"命令不但可以调整整幅图像的色相和饱和度,还可以分别调整图像中不同颜色的色相及饱和度。在"色相/饱和度"对话框中,各参数的含义如下。

  (1)饱和度:用于调整图像颜色的饱和度。数值为正时,加深颜色的饱和度;数值为负时,降低颜色的饱和度。如果数值为100,调整时颜色将变为灰度。

(2)明度:用于调整图像颜色的亮度。

(3)着色:选中此复选框后,不能继续调整图像的颜色,而是直接为图像整体叠加一个新的颜色,即制作一幅单色图像效果。

3. 变化命令——调整图像的色彩

在 Photoshop 中,"图像|调整|变化"命令是通过最直观的对话框边预览边调整颜色的功能。在"变化"对话框中,各参数的含义如下。

(1)原稿:显示变更前的图像。

(2)当前挑选:显示变更后的图像。

(3)加深红色|绿色:中间显示当前挑选的状态,通过添加周围的色来调整色相。

(4)阴影、中间色调、高光、饱和度:选择将要应用变化的新区域。

(5)精细、粗糙:显示色相应用于图像的程度。精细是弱的,粗糙是强的。

(6)较亮、较暗:调整图像的亮度。

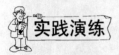

项目4.2　图像的任意更改

【效果展示】

图像任意更改效果如图4.2.1所示。

图4.2.1　图像任意更改效果

【制作思路】

首先利用"合并拷贝"命令将不同图层的图像同时拷贝,再将内容粘贴入制定选区,然后定义图案并填充指定区域,最后进行描边、调整图像大小的设置,将三张图片进行融合得到最终效果。

【制作过程】

任务一　合并拷贝贴入图像

(1)按快捷键[Ctrl] + [O]打开素材 1 和素材 2,分别如图 4.2.2 和图 4.2.3 所示。本项目将素材 1 作为底图。

(2)选择素材 2,按快捷键[Ctrl] + [A]全选图片,执行"编辑|合并拷贝"命令。

(3)选择素材 1,用魔棒工具选择黑色区域,执行"编辑|粘贴入"命令,得到新图层,重命名为"叶子"图层。按快捷键[Ctrl] + [T]自由变换,调整贴入的图片,效果如图4.2.4所示。

图 4.2.2　素材 1 　　　　　　　图 4.2.3　素材 2 　　　　　　　图 4.2.4　贴入效果

任务二　定义图案并填充

(1)按快捷键[Ctrl] + [O]打开素材 3,如图 4.2.5 所示。使用矩形选框工具框选黑白条纹,执行"编辑|定义图案"命令将黑白条纹定义为图案。

(2)选择底图,选择背景图层,执行"编辑|填充"命令,设置内容为使用图案,选中黑白条纹图案,模式为正常,不透明度为20%。执行"滤镜|模糊|径向模糊"命令,设置模糊方法为旋转,数量为7。取消选区。效果如图4.2.6所示。

任务三　描边图像

(1)选择背景图层,按快捷键[Ctrl] + [A]全选,单击"新建图层"按钮得到图层 2。执行"编辑|描边"命令,设置宽度为 15 像素,位置为内部,颜色为棕色,其余选默认值。

(2)执行"滤镜|扭曲|波纹"命令,设置数量为76,大小为"大"。效果如图4.2.7所示。

任务四　调整图像大小

(1)执行"图像|图像大小"命令,设置宽度为 600 像素,其余选默认值。选择"叶子"

图4.2.5 素材3

图4.2.6 填充图案

图4.2.7 描边

图层,适当调整叶子大小、位置及方向。效果如图4.2.8所示。

(2)选择叶子图层,选择叶子蒙版,执行"滤镜|液化"命令,设置:点选向前变形工具,画笔大小为79像素,画笔压力为40,画笔密度为50,在液化窗口中,在叶片边缘单击鼠标左键并拖动鼠标以修改叶片蒙版形状,如图4.2.9所示。图片最终效果如图4.2.1所示。

图4.2.8 图像大小

图4.2.9 液化窗口

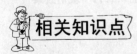

项目小结

通过本项目的制作,熟悉了"图像|图像大小"命令、图像描边命令、图像填充命令和图像合并拷贝及贴入命令的设置方法及功能。读者可以自己选取素材进行相关调整设置。

相关知识点

1. 调整图像大小

调整图像大小的方法有三种:裁剪工具、图像大小命令、画布大小命令。

图像大小命令通过改变图像的像素来精确调整图像大小,其分辨率也会改变。其对话框各参数含义如下。

(1)像素大小:显示当前图像的宽度值和高度值,可以直接输入数值改变图像大小。

（2）文档大小：显示打印大小，可以直接输入数值改变大小，同时像素大小随着改变。

（3）分辨率：显示图像的分辨率。

（4）约束比例：约束图像比例，当改变宽度值或高度值时，另一个数值随着改变。

（5）重定图像像素：如果取消选定，只调整文档大小，而不改变实际图像大小。因此，放大文档大小时，分辨率将随着下降。

画布大小是与分辨率无关的图像大小调整方法。当放大画布时，给图像留出空白；缩小画布时，将图像裁剪为所需大小。其对话框各参数含义如下。

（1）当前大小：显示当前画布大小。

（2）新建大小：通过输入数值调整画布大小。

（3）定位：选择图像在画布上的位置。在缩小画布时，定位在某基准位置，超出大小部分将被裁剪。

2. 裁切命令

当图像周边为单色或透明色时，使用"图像|裁切"命令，将图像周边一次性裁切。其对话框各参数含义如下。

（1）基于：选择三种裁切基准（透明像素：裁切图像的透明区域。左上角像素颜色：以左上角的像素颜色为基准来裁剪边框。右下角像素颜色：以右下角的像素颜色为基准来裁剪边框）。

（2）裁切掉：选择被裁切掉的区域。

【操作实例】

打开素材4，如图4.2.10所示，执行"图像|裁切"命令，设置：基于为左上角像素颜色，其余选默认值。执行效果如图4.2.11所示。

图4.2.10　素材4

图4.2.11　裁切效果

项目4.3　制作黑白照片

【效果展示】

黑白照片效果如图4.3.1所示。

【制作思路】

利用灰度模式和去色命令得到细致的黑白照片，利用位图模式和"阈值"命令分别得到不同粗糙程度的黑白照片,最后利用双色调模式得到不同效果的单色调、双色调照片。

(a)效果 1

(b)效果 2

(c)效果 3

图 4.3.1　黑白照片制作效果

【制作过程】

任务一　制作细致的黑白照片

(1)打开素材 1,如图 4.3.2 所示。

(2)执行"图像|模式|灰度"命令,得到灰度模式下的黑白照片,如图 4.3.3 所示。
(注意:灰度模式下不能再使用彩色。)

(3)按[Ctrl]+[Z]键将图像恢复到刚打开时的状态,执行"图像|调整|去色"命令,
得到 RGB 模式的黑白照片,如图 4.3.4 所示。

图 4.3.2　素材 1

图 4.3.3　灰度模式效果

图 4.3.4　去色效果

任务二　制作粗糙的黑白照片

（1）将图像恢复到刚打开时的状态，执行"图像|模式|灰度"命令，再执行"图像|模式|位图"命令，得到粗糙的黑白照片，如图 4.3.5 所示。（注意：位图模式下不能再使用彩色。）

（2）将图像恢复到刚打开时的状态，执行"图像|调整|阈值"命令，调整为 RGB 模式的黑白照片，得到更粗糙的黑白照片，如图 4.3.6 所示。

图 4.3.5　位图模式效果

图 4.3.6　阈值命令效果

任务三　制作双色调照片

（1）将图像恢复到刚打开时的状态，执行"图像|模式|灰度"命令，再执行"图像|模式|双色调"命令，设置类型为单色调，单击油墨 1 选项的颜色方框设置颜色为蓝色，单击油墨 1 选项的对角线方框，设置双色调曲线，从而调整图像中间调的亮度及对比度，得到双色调照片，如图 4.3.1 效果 3 所示。

图 4.3.7　双色调效果

（2）将图像恢复到刚打开时的状态，执行"图像|模式|灰度"命令，再执行"图像|模式|双色调"命令，设置类型为双色调，单击油墨 1 选项的颜色方框，设置颜色为黄色，单击油墨 1 选项的对角线方框，设置双色调曲线，从而调整图像中间调的亮度及对比度，单击油墨 2 选项的颜色方框设置颜色为红色，单击油墨 1 选项的对角线方框，设置双色调曲线，从而调整图像中间调的亮度及对比度，得到双色调照片，如图 4.3.7 所示。

项目小结

通过本项目的制作,熟悉各种黑白照片的制作方法,其中包括灰度模式、双色调模式、位图模式、"去色"命令和"阈值"命令的设置方法及功能。读者可以进行相关调整设置,得到更多效果的黑白照片。

相关知识点

灰度模式通过 256 种无彩色来表现黑白图像。而位图模式只通过黑白两色以点状表现图像。位图模式对话框各选项含义如下。

(1)输入:显示当前图像的分辨率。

(2)输出:显示转换后的分辨率。可以直接输入数值改变分辨率大小。

(3)方法:设置黑点的形状。

(4)自定图案:如果在方法项目中选择了自定图案,就能选择图案类型。

项目 4.4　制作清晰照片

【效果展示】

清晰照片制作效果如图 4.4.1 所示。

图 4.4.1　清晰照片制作效果

【制作思路】

制作清晰照片通常有四种方法:①利用"亮度/对比度"和"自动对比度"命令调整照片的对比度及亮度得到清晰照片;②利用"色阶"和"自动色阶"命令通过分别调整照片的亮调、中间调、暗调的分布得到清晰照片;③利用"曲线"命令,通过对曲线的自由调整修改图片的亮度、对比度得到清晰照片;④利用"曝光度"命令,通过调整曝光度、位移和灰度系数校正得到清晰照片。

【制作过程】

任务一　利用亮度/对比度制作清晰照片

(1)打开素材1,如图4.4.2所示。照片模糊不清。

(2)执行"图像|调整|亮度/对比度"命令,设置亮度为-2,对比度为39。效果如图4.4.3所示。

图4.4.2　素材1　　　　　　　　　　图4.4.3　亮度/对比度调整

(3)在历史记录面板中撤销步骤(2),照片恢复到打开状态。执行"图像|自动对比度"命令,效果如图4.4.4所示。

图4.4.4　自动对比度调整

任务二　利用色阶制作清晰照片

(1)再次打开素材1,执行"图像|调整|色阶"命令,设置将左边的暗调滑杆向右拖直至下方的相应数值为42,将右边的高光滑杆向左拖直至下方的相应数值变为220,将中间的中间调滑杆向右拖直至下方的相应数值为0.9。效果如图4.4.5所示。

(2)在历史记录面板中撤销步骤1,照片恢复到打开状态。执行"图像|自动色阶"命令,能很快得到图像清晰效果,但该命令效果通常不是最佳的。

图 4.4.5　色阶调整

任务三　利用曲线制作清晰照片

再次打开素材 1,执行"图像|调整|曲线"命令,设置在曲线的亮调区域单击稍向上拖动以提高亮度,在曲线的暗调区域单击并稍向下方拖动以压暗区。效果如图 4.4.1 所示。

任务四　利用曝光度制作清晰照片

再次打开素材 1,执行"图像|调整|曝光度"命令,设置拖动滑杆使曝光度为 0.95,位移为 $-0.071\,4$,灰度系数校正为 0.8。效果如图 4.4.1 所示。

项目小结

通过本项目的制作,熟悉清晰照片的制作方法,其中包括亮度/对比度、自动对比度、色阶、自动色阶命令和曲线命令的设置方法及功能。读者可以选择素材制作清晰照片,以巩固熟练这些命令的操作。

相关知识点

1."色阶"命令

"色阶"命令通过调整亮度与对比度制作清晰照片,比"亮度/对比度"命令可以进行的调整更加细微。"色阶"对话框如图 4.4.6 所示,其中各选项含义如下。

(1)通道:只对所需通道应用色阶。

(2)柱状图:图像的亮度分布状况显示为柱状图。一共显示为 256 阶段,最暗的区域为 0,最亮的区域为 255。

(3)输入色阶:显示上方三个滑杆所指示的数值,也可直接输入数值。

(4)输出色阶:通过两种滑杆调整整个图像的亮度。

(5)自动:将图像上最亮的区域转换为 255,最暗的区域转换为 0,通过自动调整对比度制作清晰照片。

(6)选项:单击此按钮会弹出"自动颜色纠正选项"对话框,在此可以设置纠正颜色的选项。

（7）黑场工具：当单击图像的一点时，图像中所有比其暗的区域将转换为黑色。

（8）灰点工具：当单击图像的一点时，所有图像将转换为与其相同的亮度。

（9）白场工具：当单击图像的一点时，图像中所有比其亮的区域将转换为高光。

2."曲线"命令

曲线命令可以通过颜色曲线自由调整图像的亮度和对比度，还能按通道调整颜色。曲线对话框如图 4.4.7 所示，其中各选项含义如下。

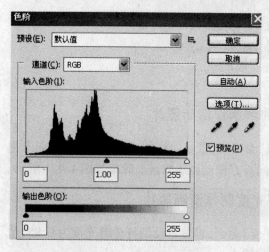

图 4.4.6 "色阶"对话框   图 4.4.7 "曲线"对话框

（1）通道：只对所需通道应用曲线来调整色相。

（2）"铅笔"按钮：可以用铅笔工具直接绘制曲线。单击"铅笔"按钮时，将同时激活"平滑"按钮，使绘制的曲线顺滑。

（3）黑场工具：当单击图像的一点时，图像中所有比其暗的区域将转换为黑色。

（4）灰点工具：当单击图像的一点时，所有图像将转换为与其相同的亮度。

（5）白场工具：当单击图像的一点时，图像中所有比其亮的区域将转换为高光。

3.曝光度

"曝光度"命令用于对曝光不足或曝光过度的照片进行修正。其对话框中各参数含义如下。

（1）曝光：调整色彩范围的高光端，对极限阴影的影响很轻微。

（2）位移：使阴影和中间调变暗，对高光的影响很小。

（3）灰度系数校正：使用乘方函数调整图像灰度系数。

项目4.5 校正照片曝光过度

【效果展示】

曝光过度照片校正效果如图 4.5.1 所示。

【制作思路】

利用"曲线"命令增加照片的中间色调区域的对比度修正曝光过度，利用"阴影/高光"命令处理照片暗调区域和高光区域，利用"可选颜色"命令对照片色调进行修正。

图 4.5.1 曝光过度照片校正效果

【制作过程】

任务一 利用曲线校正曝光过度

（1）打开素材 1，如图 4.5.2 所示。

（2）执行"图像|调整|曲线"命令，在设置通道下拉列表中选择 RGB 选项，在曲线中间和右上角分别设置一个控制点，加大中间调与暗调的密度，加大图像反差，如图 4.5.3 所示。调整效果如图 4.5.4 所示。

图 4.5.2 素材 1

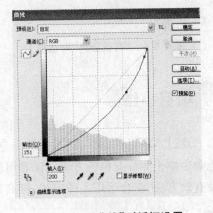

图 4.5.3 "曲线"对话框设置

（3）此时图像暗调区域太暗。执行"图像|调整|阴影/高光"命令，设置阴影为 10，高光为 0。调整效果如图 4.5.5 所示。

任务二 利用可选颜色调整颜色

图中树叶的绿色不够绿，天空及湖面的蓝色不够蓝，需进行颜色修正。执行"图像|调整|可选颜色"命令，设置在"颜色"下拉列表中选择"绿色"，将选项组中的反相色"洋红"适当降低，如图 4.5.6 所示；在"颜色"下拉列表中选择"青色"，将选项组中的"洋红"

图 4.5.4　曲线调整

图 4.5.5　阴影/高光调整

和"青色"数值适当加大，如图 4.5.7 所示。照片修正完成，效果如图 4.5.1 所示。

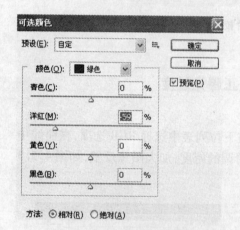

图 4.5.6　"可选颜色"对话框 1

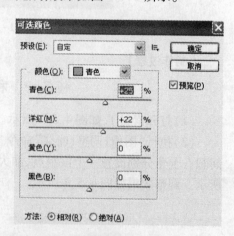

图 4.5.7　"可选颜色"对话框 2

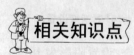

项目小结

　　通过本项目的制作，熟悉曲线命令、阴影/高光命令调整照片清晰度的方法和可选颜色命令修正照片颜色的方法。读者可以通过对各种问题图片的修正处理，分析可行方法及有效方法，综合运用各种方法，提高处理问题的能力。

相关知识点

　　1. 可选颜色

　　可选颜色命令可校正不平衡的色彩和调整颜色，在图像的每个原色中添加或减少CMYK 印刷色的亮度。

　　2. 阴影/高光

　　阴影/高光命令适用于由强逆光而形成剪影的照片，或者校正由于太接近相机闪光灯而有些发白的焦点。其对话框中各参数含义如下。

（1）阴影：拖动滑块或在文本框中输入相应的数值，可改变暗部区域的明亮程度。

（2）高光：拖动滑块或在文本框中输入相应的数值，可改变高光区域的明亮程度。

课后练习

项目4.6　曲线调整天空颜色

【效果展示】

曲线调整天空颜色效果如图4.6.1所示。

图4.6.1　曲线调整天空颜色效果

【制作思路】

首先利用去色命令确定照片的亮度分布区域，再利用曲线命令加强照片的对比度，最后利用曲线命令通过对不同通道的调整，实现对照片色调的修改。

【制作过程】

任务一　利用曲线制作高对比度照片

（1）打开素材1，如图4.6.2所示。

（2）执行"图像 | 调整 | 去色"命令，将彩色图像转化为灰度图像，效果如图4.6.3所示，可看到明暗的分布：白云部分属于高光，远山和草地属于暗调。

（3）将图像恢复到刚打开时的状态，执行"图像 | 调整 | 曲线"命令，设置如图4.6.4所示，适当降低暗调和提高高光，效果如图4.6.5所示。

图 4.6.2　素材 1

图 4.6.3　去色效果

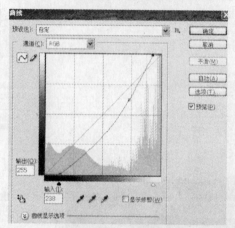

图 4.6.4　曲线调整

图 4.6.5　增强对比度

任务二　利用曲线调整天空颜色

（1）天空属于高光区域，所以要加亮红通道的高光部分，如图 4.6.6 所示。

（2）减暗蓝色通道的高光部分，如图 4.6.7 所示，得到了金黄色的天空效果，如图 4.6.1 所示。

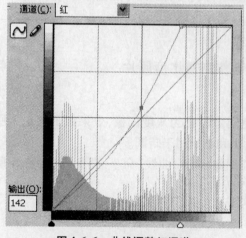

图 4.6.6　曲线调整红通道

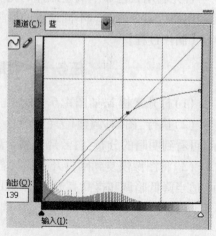

图 4.6.7　曲线调整蓝通道

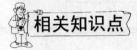

项目小结

通过本项目的制作,熟悉曲线命令对图片色调调整的方法。曲线命令不但能调整图片清晰度,也能利用对不同通道曲线的调整更改图片色调。读者可以选择素材,练习利用曲线命令调整图片色调得到更多效果。

相关知识点

1. 在曲线上定位色值

要确定图像中一个特定点的色值在"曲线"对话框中曲线上的位置,可以把光标移进图像窗口中,它会变成一个吸管图标。单击该点并按住不放,注意曲线上将会出现一个小的标志。

更好的方法是单击图像的同时按住[Ctrl]键,那么系统不但会在曲线上标注出显示色调的位置,还会自动在曲线中插入一个控制点,如图4.6.8所示。

2. 加强图片局部对比度

在"曲线"对话框中,当曲线的斜度增大时,图片的对比度也增加。

在图像窗口中,单击鼠标左键并按住不放,让鼠标箭头在主体区域内移动,仔细观察曲线上标志所处的大概范围,加大那部分的斜率就会增加主体的对比度,如图4.6.9和图4.6.10所示。

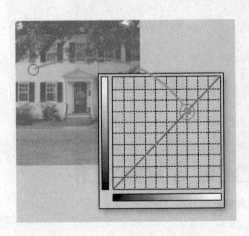

图4.6.8 在曲线中插入控制点

图4.6.9 增强中间色调区域的曲线

  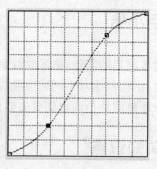

图4.6.10　增加主体对比度

项目4.7　旧照片去黄

【效果展示】

旧照片去黄效果如图4.7.1所示。

图4.7.1　旧照片去黄效果

【制作思路】

首先利用"去色"命令确定照片的亮度分布区域,再利用曲线命令加强照片的对比度,最后利用"曲线"命令通过对不同通道的调整,实现对照片色调的修改。

【制作过程】

任务一　制作绿副本通道

(1)打开素材1,如图4.7.2所示。

（2）选择通道面板，复制绿通道得到绿副本通道。删除绿副本通道以外的所有通道。

任务二 去除水印

（1）选择套索工具，设置羽化值为40像素，框选黄色水印区域，如图4.7.3所示。

图4.7.2 素材1

图4.7.3 框选水印

（2）执行"图像|调整|曲线"命令，修正水印，"曲线"对话框设置如图4.7.4所示。修正效果如图4.7.5所示。

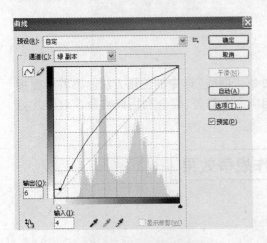

图4.7.4 "曲线"对话框

图4.7.5 曲线修正水印

（3）执行"图像|模式|灰度"命令，将图像转换为灰度图像。执行"图像|模式|RGB颜色"命令，将图像转换为RGB模式的图像。

（4）选择矩形选框工具，框选图像右上角的黑白格子区域及右侧黑边，执行"图像|调整|曲线"命令，在弹出的对话框中进行设置，如图4.7.6所示，单击"确定"按钮。按［Ctrl］+［D］键取消选区，结果如图4.7.7所示。

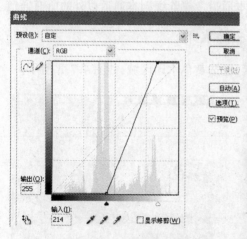

图 4.7.6　"曲线"对话框　　　　　　　　　图 4.7.7　曲线修正水印

任务三　调整颜色

执行"图像|调整|色相/饱和度"命令,设置色相为 100,饱和度为 20,勾选"着色"选项。项目制作完成,结果如图 4.7.1 所示。

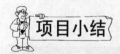 项目小结

通过本项目的制作,进一步熟悉"去色"命令、"曲线"命令的使用方法。读者可搜集旧照片素材,视旧照片损坏的不同程度采取相应命令修复,综合利用调整命令对图片修整,以达到满意效果。

项目 4.8　制作战争效果

【效果展示】

战争效果如图 4.8.1 所示。

图 4.8.1　战争效果

【制作思路】

首先利用"抽出"滤镜从照片中抽出人物区域,再利用色彩调整图层,修改图片色彩,最后综合工具箱工具和滤镜命令为图片添加战争效果。

【制作过程】

任务一　嵌入人物

(1)打开素材1和素材2,分别如图4.8.2和图4.8.3所示。本项目以素材2为底图。

(2)选择素材2,执行"图像|图像旋转|水平翻转画布"命令。

(3)选择素材1,执行"滤镜|抽出"命令,在"抽出"命令对话框中:首先,选择边缘高光器工具,根据边界的清晰和模糊程度,选择粗细不同的笔触,注意能覆盖全部的边缘,用笔勾出人物边缘;然后,用填充工具给物体填充任意颜色,以确认需保留的部分区域,效果如图4.8.4所示;接着,按下"预览"按钮,效果如图4.8.5所示,基本上抠出人物,但人物边界还需精确处理,选择清除工具,挑选合适的笔触,仔细用清除工具擦干净边缘;最后,用边界工具沿着边缘拖动,可有效优化图像的边缘,在去除杂边的同时恢复边界内被误删的区域。抽出人物效果如图4.8.6所示。

图4.8.2　素材1

图4.8.3　素材2

图4.8.4　勾勒轮廓及填充保留区域

图4.8.5　预览效果

（4）执行"图像|调整|色阶"命令，将人物中间色调适当提亮。选择移动工具，将人物移动到素材2中，重命名人物所在图层为"人物"。按［Ctrl］+［T］键自由变换，调整人物大小、位置。效果如图4.8.7所示。

图4.8.6　抽出人物效果   图4.8.7　嵌入人物

任务二　调整色彩

（1）在图层面板中，选择人物图层，单击"创建新的填充或调整图层"按钮，在弹出的菜单中选择"色相/饱和度"命令，设置饱和度为-30。效果如图4.8.8所示。

（2）在图层面板中，选择"人物"图层，单击"创建新的填充或调整图层"按钮，在弹出的菜单中选择"色彩平衡"命令，设置阴影、高光和中间调向蓝色、青色调整。效果如图4.8.9所示。

图4.8.8　调整饱和度   图4.8.9　调整色调

任务三　调整效果

（1）选择背景图层，执行"滤镜|模糊|动感模糊"命令，设置角度为20度，距离为30像素。

（2）复制人物图层得到人物副本图层，将人物副本图层移动到人物图层下，错开位置，执行"滤镜|模糊|动感模糊"命令，设置角度为20度，距离为135像素。效果如图4.8.10所示。

（3）选择人物图层，用涂抹工具在人物各区域涂抹以增加人物动感。

（4）按［Ctrl］+［Shift］+［E］组合键合并所有图层。执行"滤镜|杂色|添加杂色"命令，设置数量为2.5，分布为高斯分布。效果如图4.8.11所示。

图 4.8.10　动感模糊效果

图 4.8.11　添加杂色动感

（5）执行"图像|调整|色阶"命令，将暗调区和高光区的滑杆分别拖向中央，提高图像对比度。最终效果如图4.8.1所示。

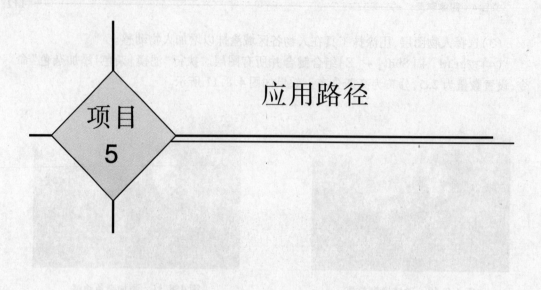

应用路径

项目 5

Photoshop 不仅是一个位图处理软件，它还带有创建和编辑矢量图形的工具，即钢笔工具与路径工具。

使用 Photoshop 的钢笔工具，可以绘制曲线，同 Adobe Illustrator 和 Freehand 等的钢笔工具是一样的。用钢笔工具创建的对象称为路径。但与绘图程序不同的是，Photoshop 路径的主要作用不是绘图，而是用于进行光滑图像区域的选择及辅助抠图，绘制光滑线条，定义画笔等工具的绘制轨迹，输出输入路径及和选择区域之间的转换。

本项目通过八个小项目的制作，掌握路径应用的一些常用方法。

能力目标

◆能灵活使用钢笔工具绘制曲线，描边路径。

知识目标

◆掌握钢笔工具的使用方法，认识钢笔的功能。
◆掌握路径的创建途径及编辑方法。

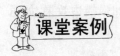

项目5.1　制作漂亮的曲线

【效果展示】

曲线效果如图5.1.1所示。

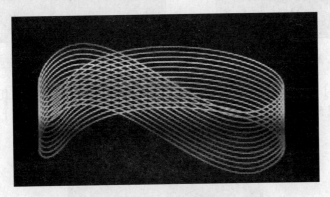

图5.1.1　曲线效果

【制作思路】

首先用钢笔工具制作曲线路径,然后对路径描边得到曲线,再复制图层制作曲线组效果,最后添加图层样式,为曲线添加光影效果。

【制作过程】

任务一　制作曲线

(1)新建一个800像素×600像素,背景色为黑色,分辨率为100像素/英寸的文档。

(2)切换到路径面板,单击"创建新路径"按钮得到路径1,选择钢笔工具,绘制路径,效果如图5.1.2所示。

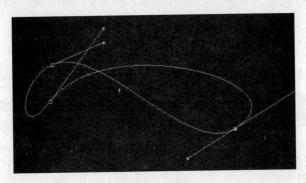

图5.1.2　路径

(3)切换到图层面板,单击"创建新图层"按钮得到图层1,设置前景色为绿色,选择画笔工具,设置画笔形状和大小(2像素)。

（4）切换到路径面板，单击"用画笔描边路径"按钮，再单击两次，加强描边效果，如图5.1.3 所示。

（5）按［Ctrl］+［T］组合键，对曲线做变形处理。结果如图5.1.4 所示。

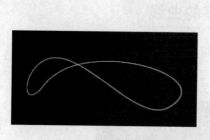

图5.1.3　描边路径

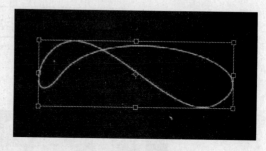

图5.1.4　自由变换曲线

（6）按［Ctrl］+［Alt］+［Shift］组合键，同时按方向键，对曲线复制几次，直到自己满意的效果。如图5.1.5 所示。

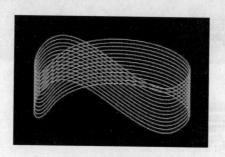

图5.1.5　复制曲线

（7）按住［Shift］键，选择所有的曲线图层，按［Ctrl］+［E］组合键，合并曲线图层，重命名图层为"曲线"。

任务二　制作光影

为曲线图层添加"渐变叠加"图层样式，设置渐变为 Spectrum。最终效果如图5.1.1 所示。

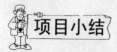
项目小结

本项目利用路径描边功能制作漂亮的曲线，主要通过钢笔工具绘制曲线，运用路径描边、自由变换等手段来完成最终效果。读者可以举一反三做出更多更漂亮的效果，如图5.1.6 所示。

相关知识点

1.路径

路径是使用钢笔工具或形状工具创建，由节点、锚点、直线和曲线组成的对象。在路

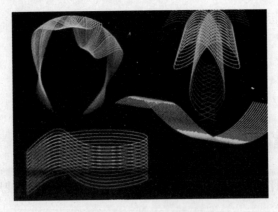

图 5.1.6 漂亮的曲线

径中,节点就是形状的关键点,是控制形状的;锚点是节点上的平滑点,用来控制弧度。在利用路径创建形状时,先利用节点绘制和控制形状,再用锚点调节弧度(即曲线凸凹方向和曲率)。

路径选择工具:能选择路径使锚点显示出来,或移动选定路径。

直接选择工具:选定路径上的锚点并对其进行编辑。

2.钢笔工具

钢笔工具包括钢笔工具、自由钢笔工具、添加锚点工具、删除锚点工具和转换点工具等。利用钢笔工具可以绘制任意形状的贝赛尔曲线。

利用钢笔工具绘制路径时,如果按住鼠标左键进行绘制,绘制出的是曲线路径;如果单击鼠标左键,松开,再单击左键,绘制的则是直线路径;按住[Shift]键绘制的是水平或垂直路径。

3.路径使用小技巧

(1)点选调整路径上的一个锚点后,按[Alt]键,同时单击锚点,这时其中一根"调节线"将会消失,创建下一个路径点时路径不再受该锚点影响。

(2)当用钢笔工具画了一条路径后,鼠标的状态变成钢笔,只要按下小键盘上的回车键,路径将被作为选区载入。

(3)使用路径其他工具时,按住[Ctrl]键,可使光标暂时变成直接选择工具。

(4)单击路径面板上的空白区域,可关闭所有路径的显示。

(5)在单击路径面板下方的几个按钮(用前景色填充路径、用前景色描边路径、将路径作为选区载入)时,按住[Alt]键可以弹出相应的设置对话框。

(6)将选择区域转换成路径是一个非常实用的操作。此功能与控制面板中的相应图标功能一致。调用此功能时,可在弹出的"建立工作路径"对话框中进行属性设置。

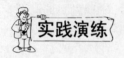
实践演练

项目 5.2 制作工笔白描

【效果展示】工笔白描效果如图 5.2.1 所示。

【制作思路】

先用钢笔工具制作路径,然后用描边路径功能绘制出小鱼,再使用描边路径的压感做出白描效果。

图 5.2.1 　工笔白描效果

【制作过程】

任务一 　制作路径

(1)新建一个 5 cm×4 cm,分辨率为 120 像素/英寸,背景色为白色的文件。

(2)切换到路径面板,单击"创建新路径"按钮得到路径 1。选择钢笔工具,按照图 5.2.2 所示绘制小鱼路径。(画的时候,根据实际情况对线条进行适当的"断",尽量不要一笔连续画很长。断的方法是:画到一个长度后,按[Ctrl]键,同时单击其他空白位置,然后接着画,不要和原来的线接上。)

任务二 　制作白描效果

(1)切换到图层面板,单击"创建新图层"按钮得到图层 1。选择画笔工具,设置笔刷主直径为 2 像素,设置前景色为黑色。

(2)切换到路径面板,单击"用画笔描边路径"。结果如图 5.2.3 所示。

图 5.2.2 　路径绘制

图 5.2.3 　画笔描边路径

（3）更改画笔主直径为4像素，在画笔面板中，勾选形状动态选项，设置大小的动态控制为钢笔压力或钢笔斜度。按[Alt]键，同时单击"用画笔描边路径"按钮，在弹出的对话框中，勾选"模拟压力"选项，单击"确定"按钮。

（4）点选路径面板空白处，隐藏路径。最终效果如图5.2.1所示。

项目小结

本项目利用钢笔工具绘制、画笔笔刷设置、模拟压力描边路径制作工笔白描效果。读者可以在本项目的基础上多次描边路径，以对比效果的不同，选择最佳效果。还可在此基础上用其他绘图方法，以增加画面丰富性。

相关知识点

1."用画笔描边路径"工具

"用画笔描边路径"工具的作用是使用前景色沿路径的外轮廓进行边界描边，其目的是在图像中留下路径的外观。

在按住[Alt]键的同时，单击"用画笔描边路径"按钮，则会弹出一个对话框 。在此对话窗口中，可以选择描边路径时所用的工具选用不同的绘图工具，将得到不同的描边效果。同时描边效果也受被选择工具笔刷类型的影响。很明显，使用铅笔工具与使用画笔工具所勾勒出的轮廓将完全不同。

2.描边小技巧

在描边路径时，最常用的操作是一个像素的单线条的勾勒，但锯齿的存在，影响其实用价值。此时不妨先将路径转换为选区，再对选区描边，这样既能得到原路径的线条，还能消除锯齿。

项目5.3 制作宠物爪图框

【效果展示】

宠物爪图框效果如图5.3.1所示。

图5.3.1 宠物爪图框效果

【制作思路】

首先利用自定义形状工具制作出爪子形状图;再将形状路径转为选区添加图层样式,制作挖空图框效果;最后合成素材图,添加适当装饰效果。

【制作过程】

任务一　制作爪子挖空效果

(1)新建一个大小为 10 cm × 8 cm,分辨率为 120 像素/英寸的文件,设置前景色、背景色均为系统默认颜色,用 Dark Red 色(深红色)填充背景图层。

(2)单击"创建新图层"按钮得到图层 1,重命名图层 1 为"挖空"。按[Ctrl] + [Del]组合键,用背景色填充挖空图层。

(3)选择自定义形状工具中的"爪印(猫)",在选项栏中选择"路径"选项,在画面的中央绘制爪印路径,效果如图 5.3.2 所示。切换到路径面板,单击"将路径作为选区载入"按钮,按[Del]键删除选区内容,按[Ctrl] + [D]键取消选区。

(4)切换到图层面板,为"挖空"图层添加"图案叠加"图层样式,设置图案为 leaf。为挖空图层添加"斜面和浮雕"图层样式,设置大小为 7 像素,软化为 5 像素。为挖空图层添加"投影"图层样式,设置距离为 10 像素,大小为 10 像素。效果如图 5.3.3 所示。

图 5.3.2　爪印路径

图 5.3.3　挖空效果

任务二　嵌入图像

(1)打开素材 1,如图 5.3.4 所示,将素材图中的宠物选中并移动到当前文件中,重命名图层为"猫"。按[Ctrl] + [T]键自由变换,调整宠物的位置及大小,效果如图 5.3.5 所示。

(2)复制"猫"图层 4 次,将各只小猫自由变换调整位置、大小及方向(可执行"编辑 l 变换 l 水平翻转"实现小猫的反向方向)。效果如图 5.3.5 所示。

(3)合并所有"猫"图层,为图层添加"外发光"图层样式。参数可据实际情况设置。效果如图 5.3.1 所示。

图 5.3.4　素材 1

图 5.3.5　嵌入宠物

任务三　添加修饰图案

（1）单击最上面的"挖空"图层，单击"创建新图层"按钮，重命名图层为"修饰"。

（2）选择自定义形状工具中的"爪印（猫）"，在选项栏中选择"填充像素"选项，在画面的左右两边随意绘制爪印，自由变换大小、位置。

（3）为修饰图层添加"渐变叠加"图层样式，取默认值。为修饰图层添加"斜面和浮雕"图层样式，设置样式为浮雕效果，其余取默认值。最终效果如图 5.3.1 所示。

项目小结

本项目运用 Photoshop 中的自定义形状工具、"路径转化为选区"命令制作挖空爪框图效果，读者可根据设计意图选用其他的形状路径。本项目的重点在于将形状路径转换为选区，这是路径的一个主要应用。

相关知识点

"路径转换为选区"对话框设置

按［Alt］键，同时单击"路径转换为选区"按钮，弹出参数设置窗口。涉及参数如下。

（1）"羽化半径"选项：设置羽化的范围，其单位为像素。

（2）"消除锯齿"选项：决定在转换过程中是否使用抗锯齿功能。

窗口第二部分的操作选项组，只有在当前图像中已经存在选择区域时才全部有效，此设置决定转换后所得到的选择区域与原选择区域如何合成，总共有以下四个子选项：

（1）新选区——直接替代原先的选择区域；

（2）添加到选区——与原先的区域合并；

（3）从选区中减去——在原先的选择区域基础上减去当前转换后所得到的选择区域；

（4）与选区交叉——求两个选择区域的交集，即保留它们的共有部分。

项目5.4　制作光束字

【**效果展示**】光束字效果如图5.4.1所示。

图5.4.1　光束字效果

【**制作思路**】

首先用形状工具制作路径,然后沿路径输入文字,运用动感模糊滤镜制作光束,再利用"色相/饱和度"命令调整图层、调整图像色彩,设置画笔笔刷添加荧光效果。

【**制作过程**】

任务一　制作路径文字

(1)新建7 cm×8 cm、分辨率为120像素/英寸的文件,设置前景色、背景色分别为白色、黑色。按[Ctrl]+[Del]键用黑色填充背景图层。

(2)选择椭圆形状工具,在选项栏中选择绘制路径为圆。在画面中间绘制一个正圆路径。

(3)选择文字工具,沿路径输入文字"BLUE LAND BLUE LAND ",在输入过程中文字将按照路径的走向排列。调整字体大小与字距,效果如图5.4.2所示。(在点击的地方会多一条与路径垂直的细线,这就是文字显示的起点,此时路径的终点会变为一个小圆圈,这个圆圈代表了文字显示的终点。)

图 5.4.2　绘制路径文字

任务二　制作光束

(1)右键单击文字图层,在弹出的快捷菜单中选择"栅格化文字"命令,重命名图层为"文字",复制文字图层得到文字副本。

(2)对文字副本,重命名图层为"光束"。执行"滤镜丨模糊丨动感模糊"命令,设置角度为 90 度,距离为 200 像素。重复执行"动感模糊"命令两次。

(3)对光束图层复制 3 次,再合并所有的光束图层。效果如图 5.4.3 所示。

(4)对光束图层,执行"编辑丨变换丨透视"命令,调整光线为下小上大的发散效果。

(5)对文字图层,执行"编辑丨变换丨透视"命令,放到光束的下端位置。

(6)为了使光线看起来不单薄,再复制一次光束图层。执行"编辑丨变换丨透视"命令,继续发散开来。选中两个光束图层,按快捷键[Ctrl]+[E]合并光束图层。

(7)对光束图层,添加图层蒙版,使光束的下部有渐隐效果。效果如图 5.4.4 所示。

图 5.4.3　制作光束

(8)为文字图层添加"外发光"图层样式。效果如图 5.4.5 所示。

图 5.4.4 　光线发散 　　　　　　　　　　　图 5.4.5 　文字外发光

任务三　效果修饰

(1)选中文字图层和光束图层,执行"编辑|变换|旋转"命令,使光束和文字图层同时旋转 –30 度。

(2)为背景图层上色。选择背景图层,单击"添加填充或调整图层"按钮,选择"色相/饱和度"命令,设置色相为 240,饱和度为 66,明度为 20,勾选"着色"选项。

(3)选择白色画笔工具,按喜好在画面单击,添加点缀荧光团效果。最终效果如图 5.4.1所示。

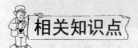项目小结

本项目利用路径走向制作文字,运用动感模糊滤镜制作光束,运用画笔制作荧光效果。通过本项目的制作,对路径文字有了充分的认识,对图层样式处理及画笔设置有进一步的认识。读者可通过调整图层不透明度、图层样式等方法进一步丰富光影画面。

相关知识点

1.路径文字的原理

将目标路径复制一条出来,再将文字排列在其上,这时文字与原先绘制的路径已经没有关系,即使现在删除最初绘制的路径,也不会改变文字的形态。同样,即使现在修改最初绘制的路径形态,也不会改变文字的排列。文字路径是无法在路径面板删除的,除非在图层面板中删除这个文字层。

2.路径文字的编辑排列

(1)可以使用普通的移动工具移动整段文字,或使用路径选择工具和直接选择工具

移动文字的起点和终点,这样可以改变文字在路径上的排列位置。

(2)如果终点的小圆圈中显示一个"+"号,就意味着所定义的显示范围小于文字所需的最小长度,此时文字的一部分将被隐藏。(注意英文以单词为单位隐藏或显示,不可能显示半个单词。)

(3)如果要隐藏路径和起点、终点标志,可以按顶部工具栏的"√"按钮或按回车键。

(4)如果要修改文字排列的形态,须在路径面板先选择文字路径,此时文字的排列路径就会显示出来,再使用路径选择工具或直接选择工具,在稍微偏离文字路径的地方(即不会出现起点、终点标志的时候)单击,将会看到与普通路径一样的锚点和方向线,这时再使用转换点工具等进行路径形态调整。

(5)除了能够将文字沿着开放的路径排列以外,还可以将文字放置到封闭的路径之内。

项目5.5　制作黄金边框花纹底字

【效果展示】

黄金边框花纹底字效果如图5.5.1所示。

图5.5.1　黄金边框花纹底字效果

【制作思路】

先利用渐变工具和颗粒滤镜制作背景,再将文字选区转化为路径,通过对路径的编辑改变文字字形,将改变后的路径转化为选区并上色得到特殊形状的文字,最后对文字添加各种图层样式得到项目所需效果。

【制作过程】

任务一　制作背景

(1)新建一个3.5 cm×2.5 cm,分辨率为200 像素/英寸的文件,设置前景色为# e10648,背景色为# 51031b。

(2)选择渐变工具,拉出前景色到背景色的径向渐变。

(3)执行"滤镜|纹理|颗粒"命令为背景图层添加颗粒效果,设置强度为21,对比度

为33,其余取默认值。背景效果如图5.5.2所示。

任务二　制作文字

(1)单击"创建新图层"按钮新建图层1,重命名为"文字"。

(2)选择横排文字蒙版工具,输入粗体文字"PS",字体为方正综艺,字号为36点。效果如图5.5.3所示。

图5.5.2　颗粒滤镜效果

图5.5.3　粗体文字

(3)切换到路径面板,单击"从选区生成工作路径"按钮,将文字选区转换为路径,如图5.5.4所示。

(4)对路径各个点进行调整,可随意调整。调整后的效果如图5.5.5所示。

图5.5.4　转化为路径

图5.5.5　调整路径

(5)单击"将路径作为选区载入"按钮,将路径转换为选区。

任务三　添加文字效果

(1)切换到图层面板,设置前景色为白色,按快捷键[Alt]+[Del],用前景色填充选区,双击图层,添加"投影"图层样式,设置距离为8像素,大小为12像素,其余取默认值。为图层添加"内阴影"图层样式,设置不透明度为60%,距离为6像素,大小为9像素,等高线为gaussian。

(2)添加"斜面和浮雕"图层样式,设置如图5.5.6和图5.5.7所示。

(3)添加"渐变叠加"图层样式,设置如图5.5.8所示。

(4)添加"图案叠加"图层样式,可以自己搜集或制作,会出现不同的效果,设置如图5.5.9所示。最后添加"描边"图层样式,设置如图5.5.10所示。

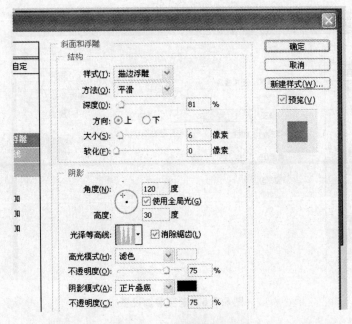

图 5.5.6　斜面和浮雕设置

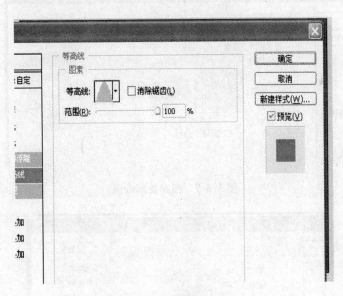

图 5.5.7　等高线设置

（5）对文字的大小、亮度做微调，最终效果如图 5.5.1 所示。

项目小结

　　本项目的实现结合了路径和图层样式的运用。通过对路径的编辑改变字体的字形，实现文字的制作。常常利用这一功能，将得到的某些图像（如扫描后所得到的毛笔字）转换成矢量描述文件，再编辑处理得到所需效果。本项目中，由于图层样式的添加，使文字

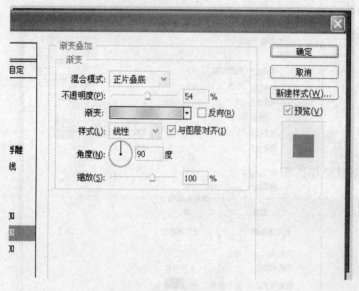

图 5.5.8　渐变叠加设置

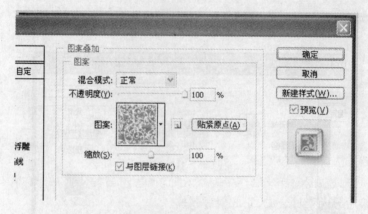

图 5.5.9　图案叠加设置

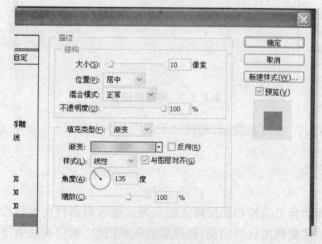

图 5.5.10　描边设置

效果更丰富,字体看起来更立体、真实。

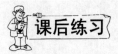

课后练习

项目 5.6　制作邮票和邮戳效果

【效果展示】

邮票和邮戳效果如图 5.6.1 所示。

图 5.6.1　邮票和邮戳效果

【制作思路】

先利用路径描边、图层样式制作出邮票效果,再利用路径文字、喷溅滤镜及通道制作出邮戳效果,最后导入素材合成,完成项目制作。

【制作过程】

任务一　制作邮票

(1)新建 19 cm×12 cm,分辨率为 120 像素/英寸,背景色为白色的文件。

(2)打开素材 1,如图 5.6.2 所示。用移动工具将其拖移到当前文档得到图层 1,按快捷键[Ctrl]+[T]自由变换,调整大小、位置。

(3)为图层 1 添加"描边"图层样式,设置描边大小为 2 像素,描边颜色为中灰色。

(4)复制背景图层,将背景副本与图层 1 合并。用矩形选框工具沿着花卉图的外轮廓选择适当的图像范围建立选区。效果如图 5.6.3 所示。切换到路径面板,单击"从选区生成工作路径"按钮得到工作路径,双击工作路径,将路径存储为路径 1。

(5)设置前景色为黑色,打开画笔调板,设置笔尖大小为 20 像素,笔尖形状为尖角,间距为 135% 左右。

(6)单击"用画笔描边路径"按钮,用设置好的画笔对路径进行描边。按[Ctrl]键,同时单击路径 1 缩略图,得到路径选区,按[Ctrl]+[Shift]+[I]组合键反选。

图5.6.2 素材1   图5.6.3 选区范围

（7）切换到图层面板，选择图层1，按［Del］键删除选区范围图像。按快捷键［Ctrl］＋［D］取消选取。选取图层1中描边黑边，按［Del］键删除选区范围图像。按快捷键［Ctrl］＋［D］取消选区。为图层1添加"投影"图层样式，取默认值。

（8）在画面的左上角输入文字"中国邮政"，在画面的右下角输入文字"1元"，调整文字大小和位置，效果如图5.6.4所示。

任务二 制作邮戳

（1）新建9 cm×9 cm，分辨率为120像素/英寸，背景色为白色的文件。单击"创建新图层"按钮得到图层1。

（2）切换到路径面板，单击"创建新路径"按钮得到路径1。选择椭圆形状工具，按住［Alt］＋［Shift］键，同时按住鼠标左键，拖动鼠标绘制一个正圆路径。设置前景色为黑色，设置好画笔笔尖大小为2像素，笔尖间距为1%。单击"用画笔描边路径"按钮。

（3）使用文字工具在路径上输入文字"苏区1"，字体为仿宋体，大小自定。选择直接选择工具，单击路径内部，使文字翻转到路径内部。

（4）按快捷键［Ctrl］＋［T］自由变换路径1，按住［Alt］＋［Shift］键，同时拖动变换框的控制柄，把路径从中心点向内稍微缩小。使用文字工具在路径上输入文字"湖南郴州"，字体为仿宋体，大小自定。

（5）使用文字工具输入邮戳日期，放置在邮戳的中间位置，调整好大小。效果如图5.6.5所示。

（6）把任务二中所有邮戳相关图层合并，重命名图层为"邮戳"。

（7）切换到通道面板，选择其中一个通道，拖动到"创建新通道"按钮，得到一个通道副本。执行"滤镜|画笔描边|喷溅"命令，设置半径为2像素，平滑度为5，并将通道作为选区载入。

（8）切换到图层面板，按［Del］键删除选区。效果如图5.6.6所示。

图5.6.4 邮票效果

图5.6.5 邮戳制作

图5.6.6 邮戳效果

任务三 制作整体效果

(1)选择邮戳,并拖移到邮票文档中,调整大小和角度。

图5.6.7 素材2

(2)打开素材2,如图5.6.7所示。按快捷键[Ctrl]+[A]全选图层内容,并拖移到邮票文档中,自由变换大小以适合文档,调整图层顺序为最底层。最终效果如图5.6.1所示。

项目5.7 制作光影壁纸

【效果展示】
光影壁纸效果如图5.7.1所示。
【制作思路】
先用路径工具建立选区,再利用不透明度及多色组合渐变来制作光影效果。
【制作过程】

任务一 制作背景

(1)新建一个1 280像素×1 024像素,分辨率为120像素/英寸的文件。
(2)双击背景图层将其改成图层0,按快捷键[Ctrl]+[A]全选图层内容,按[Del]键删除选区内容。
(3)单击"创建新图层"按钮得到图层1。选择渐变工具,选取颜色相近的两种橙色,

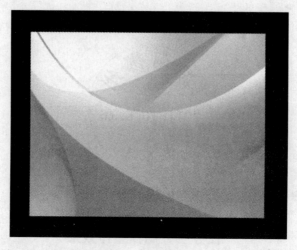

图 5.7.1   光影壁纸效果

对画面从上到下进行线性渐变填充,按快捷键[Ctrl] + [D]撤销选区。效果如图 5.7.2 所示。

任务二   制作光影

(1)新建一个图层得到图层 2。选择多边形工具,将边数设置为 3,绘制一个如图 5.7.3 所示的三角形路径。在三角形路径上单击鼠标右键,选择"建立选区"命令。将前景色设置为白色。选择画笔工具,设置笔尖大小为 300 像素,沿选区上边缘涂抹(注意画笔力度不要太硬),效果如图 5.7.3 所示。按快捷键[Ctrl] + [D]取消选区。

图 5.7.2   背景

图 5.7.3   图层 2

(2)将图层 2 的图层混合模式设置为"叠加"。

(3)新建一个图层得到图层 3。再次使用多边形工具绘制一个与图层 2 类似的三角形路径,并在此三角形路径上单击鼠标右键,在弹出的菜单中选择"建立选区"命令。选择渐变工具,渐变色由黑色到透明色,对选区从右到左进行线性渐变填充。按快捷键[Ctrl] + [D]取消选区。再按快捷键[Ctrl] + [T]对三角形进行自由变换,效果如图5.7.4 所示。

(4)将图层 3 的图层混合模式设置为"叠加",图层不透明度设置为 34%。

(5)新建一个图层得到图层 4。使用钢笔工具绘制一条曲线路径,如图 5.7.5 所示。

然后单击鼠标右键,在弹出的菜单中选择"建立选区"命令。选择渐变工具,设置渐变色为白色到透明色,对选区由下往上线性渐变填充。将图层 4 的图层混合模式设置为"叠加",效果如图 5.7.6 所示。按快捷键[Ctrl] + [D]取消选区。

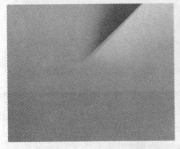

图 5.7.4　图层 3　　　　　图 5.7.5　图层 4 对应路径　　　　　图 5.7.6　图层 4

（6）新建一个图层得到图层 5。再次使用钢笔工具绘制路径,形状如图 5.7.7 所示。在路径处单击鼠标右键,在弹出的菜单中选择"建立选区"命令。设置前景色为黑色,选择画笔工具,设置笔尖大小为 300 像素,沿着选区的上边缘进行涂抹,效果如图 5.7.8 所示。注意不要撤销选区,以备后面使用。

（7）新建一个图层得到图层 6。选择选取工具,按住[↓]键,将选区向下移动 10 个像素(将向下箭头按 10 次)。按[Ctrl] + [Shift] + [I]组合键反选。选择画笔工具,设置大小为 300 像素,沿着选区的下边缘进行涂抹。将图层的混合模式设置为"叠加",图层不透明度设置为 60%。效果如图 5.7.9 所示。

图 5.7.7　图层 5 对应路径　　　　　图 5.7.8　图层 5　　　　　图 5.7.9　图层 6

（8）新建一个图层得到图层 7,按[Ctrl] + [Shift] + [I]组合键反选。然后选择画笔工具,设置大小为 300 像素,设置前景色为白色,沿着选区的上边缘进行涂抹,效果如图 5.7.10 所示。按快捷键[Ctrl] + [D]撤销选区。

（9）新建一个图层得到图层 8。使用椭圆选框工具在画面的左上方绘制圆形选区,然后使用渐变工具,渐变色为白色到透明,对圆形选区进行径向渐变填充。按快捷键[Ctrl] + [D]撤销选区,将图层模式设置为"叠加"。效果如图 5.7.11 所示。

（10）现在看来整体颜色不是很明亮,新建一个图层得到图层 9。按快捷键[Ctrl] + [A]全选图层内容,选择一个较为明亮的橙色进行填充。将图层的混合模式设置为"颜色",图层的不透明度设置为 55%,这样看起来就明亮多了。

图 5.7.10　图层 7

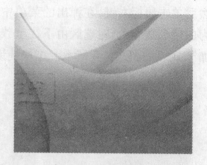

图 5.7.11　图层 8

（11）为了让它看起来更加漂亮,新建一个图层得到图层 10。使用钢笔工具勾出一个路径,然后单击右键,在弹出的菜单中,选择"建立选区"命令。效果如图 5.7.12 所示。

（12）选择线性渐变工具,渐变色为白色到透明,对选区进行线性渐变填充,按快捷键［Ctrl］+［D］撤销选区,并将图层混合模式设置为"叠加"。

（13）新建一个图层得到图层 11。使用椭圆选框工具在画面的左下角绘制一个椭圆选区。选择渐变工具,颜色由白色到透明,对选区进行线性渐变填充。按快捷键［Ctrl］+［D］取消选区,将图层混合模式设置为"叠加"。效果如图 5.7.13 所示。

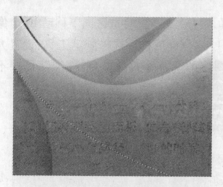

图 5.7.12　图层 10 对应路径

图 5.7.13　图层 11

（14）新建图层 12。在画面右下角加入了一点黑色渐变,在左上角加入了一点白色渐变,并将图层的混合模式设置为"叠加"。效果如图 5.7.1 所示。读者也可以根据自己的喜好做一个苹果风格的背景。

项目 5.8　制作摩托罗拉 VI

【效果展示】

摩托罗拉 VI 制作效果如图 5.8.1 所示。

【制作思路】

先利用钢笔工具制作标志图像,再用文字工具制作文字并进行排版,制作名片和信笺平面,利用图层样式处理效果,最后添加背景增强效果。

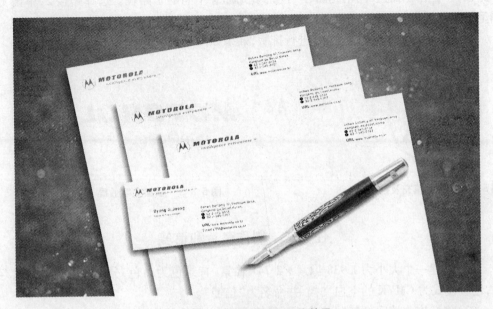

图 5.8.1　摩托罗拉 VI 制作效果

【制作过程】

任务一　制作标志

（1）新建一个背景色为白色,分辨率为 300 像素/英寸,模式为 CMYK,大小为 Photo-shop 系统默认的空白文档,命名为"标志"。

（2）新建一个图层 1。执行"视图|显示|网格"命令。切换到路径面板,单击"创建新路径"按钮得到路径 1,用"钢笔"工具画出标志主图案路径。效果如图 5.8.2 所示。

（3）单击"创建新路径"按钮得到路径 2,选择椭圆形状工具,属性栏选择"路径",按住［Shift］键画出正圆路径,用路径选择工具调整到合适位置。效果如图 5.8.3 所示。

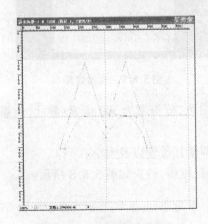

图 5.8.2　标志主图案路径

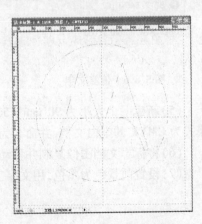

图 5.8.3　标志图案完整路径

（4）设置前景色为#383189。选择画笔工具，设置直径为 17 像素，硬度为 100%。选择路径 1，单击"用前景色填充路径"按钮填充标志中间的子路径。选择路径 2，单击"用画笔描边路径"按钮描边正圆子路径，效果如图 5.8.4 所示。

（5）用文字工具添加文字，并进行排版，效果如图 5.8.5 所示。

图 5.8.4　路径填充及描边　　　　　　　　　　图 5.8.5　添加文字效果

任务二　制作名片和信笺

（1）新建一个大小为 1 938 像素 ×2 741 像素，背景色为白色，分辨率为 300 像素/英寸，色彩模式为 CMYK 的空白文档，并命名为"信笺"。

（2）将标志文档图像复制并移动到信笺文档中，调整其位置以及大小。

（3）设置前景色为黑色，用文字工具输入文字，进行排版，效果如图 5.8.6 所示。

（4）调整整体位置大小效果，效果如图 5.8.7 所示。

Sehwa Building 4F, Yeoksam dong,
Kangnam gu, Seoul, Korea.
☎ 82·2·545·0134
🅕 82·2·545·0167

URL: www.motorola.co.kr

图 5.8.6　信笺文字　　　　　　　　　　　　图 5.8.7　信笺效果

（5）新建一个大小为 90 mm ×50 mm，背景色为白色，分辨率为 300 像素/英寸，色彩模式为 CMYK 的空白文档，并命名为"名片"。

（6）将标志文档图像复制并移动到信笺文档中，调整其位置以及大小。

（7）设置前景色为黑色，用文字工具输入文字，进行排版，效果如图 5.8.8 所示。

图 5.8.8　名片效果

任务三　制作 VI 效果图

（1）打开素材1作为本项目背景，如图5.8.9所示，将信笺文档和名片文档内容全部复制粘贴，自由变换调整大小位置，进行"图层样式－投影"效果调整。

（2）打开素材2，如图5.8.10所示。选取素材2的钢笔图案，用钢笔工具建立钢笔图案的路径，再将钢笔图案路径转化为选区。

图 5.8.9　素材 1　　　　　　　　　图 5.8.10　素材 2

（3）把钢笔复制粘贴到背景文档中，添加"投影"图层样式，调整整体色彩效果。项目制作完成后，最终效果如图5.8.1所示。

项目 6

应用通道和蒙版

蒙版和通道在 Photoshop 中是极具特色的图像处理工具。

应用蒙版,可以对图像的某些区域进行保护,并允许编辑其他部分。实际上,用选择工具创建的选区就是蒙版。

通道的功能就是选择所需要的部分,通道可以存储选区,需要时可以随时调出选区。另外,在通道中应用各种特殊效果,常用于立体文字的制作或图像的合成等。

能力目标

◆能灵活应用蒙版、通道制作所需效果。

知识目标

◆掌握蒙版、快速蒙版、通道的含义、功能及使用方法,通过具体实例来展示它们的使用效果。

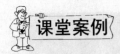

项目6.1 制作投影文字

【效果展示】

投影文字效果如图6.1.1所示。

图 6.1.1　投影文字效果

【制作思路】

首先在通道面板利用文字工具制作文字通道,再利用"创建新通道"按钮得到投影通道,利用高斯模糊滤镜处理投影通道效果,最后在图层面板给文字上色。

【制作过程】

任务一　制作背景

新建一个400像素×300像素的文件,设置前景色为#eda714,按快捷键[Alt]+[Del]用前景色填充背景图层。

任务二　制作投影通道

(1)切换到通道面板,单击"创建新通道"按钮创建通道Alpha1,重命名为"文字"。

(2)用文字工具在画面中间输入文字"投影文字",字体为文鼎霹雳体,字号为40点。按快捷键[Ctrl]+[D]取消文字选区,此时效果如图6.1.2所示。

(3)制作投影通道。将文字通道拖动到"创建新通道"按钮,得到文字副本通道,重命名为"投影"。

(4)利用移动工具将投影通道向右下角稍微拖动,错开与文字通道的位置。执行"滤镜|模糊|高斯模糊"命令,设置半径为2像素。按[Ctrl]键,同时单击文字通道图标,载入文字通道选区,用黑色填充选区。此时投影通道效果如图6.1.3所示。

图 6.1.2　文字通道

图 6.1.3　投影通道

任务三　制作投影图层

（1）选择 RGB 通道，按［Ctrl］键，同时单击文字通道图标载入文字通道选区。切换到图层面板，新建图层 1，用白色填充选区。此时效果如图 6.1.4 所示。

（2）切换到通道面板，按［Ctrl］键，同时单击投影通道图标载入投影通道选区。

（3）切换到图层面板，新建图层 2，将图层 2 拖放到图层 1 下。用黑色填充选区，投影图层效果如图 6.1.5 所示。项目最终效果如图 6.1.1 所示。

图 6.1.4　文字图层

图 6.1.5　投影图层

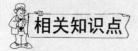

项目小结

通过本项目认识了通道的创建方法、投影通道的制作方法及通道中可以应用滤镜进行编辑的方法。通道的使用会带来很多奇特的效果。

相关知识点

通道大体分为基本通道和 Alpha 通道。基本通道保存着图像自身的颜色。Alpha 通道可以任意指定蒙版区域，可以被无限制地创建并删除。

通道的应用：在细微的选区上合成图像时；利用通道制作特殊效果（立体文字、火焰文字、冰冻文字）时；保存选定的区域时。

1. 新建通道的三种方法

1）建立新的 Alpha 通道

在通道面板中建立新通道，单击面板下方的"创建新通道"按钮，则依次创建 Alpha 1、Alpha 2 等通道。在 Alpha 通道中，页面是黑色的，表示通道为空，没有存储任何的选择像素。使用文字工具输入文字，提交，在通道上文字将输入为选区的形式。

2）利用"存储选区"命令制作通道

选择画面中所需区域，执行"选择|存储选区"命令，在通道面板中建立 Alpha 通道。

3）利用"将选区作为通道载入"按钮制作通道

选择画面中所需区域，单击通道面板的"将选区作为通道载入"按钮，也可建立 Alpha 通道。

2. 确定通道所在位置

利用单击通道的眼睛图标所在的方框来确定通道所在位置。

3. 制作双胞胎通道方法

（1）将欲复制的通道拖到通道面板的"创建新通道"按钮处。

（2）利用通道面板菜单的"复制通道"命令。

4. 删除通道方法

（1）利用通道面板的弹出式菜单。

（2）将欲删除的通道拖放到"删除通道"按钮。

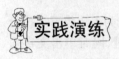
实践演练

项目6.2　制作火焰字

【效果展示】

火焰字效果如图 6.2.1 所示。

图 6.2.1　火焰字效果

【制作思路】

利用通道、文字工具、风滤镜、高斯模糊滤镜和波纹滤镜制作火焰通道,利用渐变工具制作火焰图层,利用图层样式为文字图层添加效果。

【制作过程】

任务一   制作背景

新建一个 11 cm×12 cm 的文件,设置前景色为黑色,按[Alt]+[Del]键用前景色填充背景图层。

任务二   编辑火焰通道

(1)切换到通道面板,单击"创建新通道"按钮创建通道 Alpha 1,重命名为"文字"。

(2)用文字工具在画面中间输入文字"福城烧烤",字体为华康海报体,字号为 60 点。按[Ctrl]+[D]键取消文字选区,效果如图 6.2.2 所示。

(3)制作火焰通道。将文字通道拖动到"创建新通道"按钮,得到文字副本通道,重命名"火焰"。

(4)对火焰通道,执行"图像I旋转画布I90 度(顺时针)"命令将画布旋转。执行"滤镜I风格化I风"命令,设置方法为风,方向为从左。重复执行风滤镜 2 次。再次执行"图像I旋转画布I90 度(逆时针)"命令将画布旋回。

(5)对火焰通道,执行"滤镜I模糊I高斯模糊"命令,设置模糊半径为 1.2 像素。执行"滤镜I扭曲I波纹"命令,设置大小为"中",数量为 250%。按[Ctrl]键,同时单击文字通道图标载入文字通道选区,用黑色填充选区。火焰通道效果如图 6.2.3 所示。

图 6.2.2   文字通道

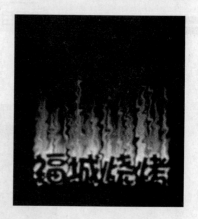

图 6.2.3   火焰通道

任务三   制作火焰图层

(1)单击 RGB 通道,按[Ctrl]键,同时单击文字通道图标载入文字通道选区。

(2)切换到图层面板,新建图层 1,用红色填充选区,按快捷键[Ctrl]+[D]取消选区。为图层 1 添加"斜面和浮雕"图层样式,参数取默认值。添加"描边"图层样式,设置描边颜色为#efa608,大小为 2 像素。效果如图 6.2.4 所示。

(3)切换到通道面板,按[Ctrl]键,同时单击火焰通道图标载入火焰通道选区。

(4)切换到图层面板,新建图层2,将图层2拖放到图层1下。设置渐变色为黄色到红色渐变,用渐变工具线性渐变填充选区,火焰图层效果如图6.2.5所示。最终效果如图6.2.1所示。

图 6.2.4　文字图层　　　　　　　　　　　图 6.2.5　火焰图层

项目小结

通过火焰文字的制作进一步熟悉了通道的创建、通道的编辑、双胞胎通道的制作等知识点,对通道的概念有了更深入的理解。在实际练习中,可以根据实际情况举一反三制作出多种效果。

相关知识点

1.通道的分离与合并

通道面板中的通道分离命令可将通道分离为各个不同的图像文件。而通道合并命令将分离的通道按 RGB 或 CMYK 等颜色模式,合并为一个图像。

2.专色通道

专色通道是承载另色(金色、银色等)印刷所必需的区域和颜色信息的通道;它在 RGB 通道上,可以同图像一起显示出来。

选择欲使用专色通道的区域,利用通道面板的“新建专色通道”命令,设置专色通道颜色、密度及名称,那么在选择区域中会出现应用专色通道的颜色信息。

项目6.3　制作立体字

【效果展示】

立体字效果如图6.3.1所示。

图 6.3.1　立体字效果

【制作思路】

在通道中利用文字工具、浮雕效果滤镜和高斯模糊滤镜制作立体文字通道,再利用"应用图像"命令制作出带背景纹理的立体字。

【制作过程】

任务一　制作立体字通道

(1)打开素材 1,如图 6.3.2 所示。将背景图层拖到"新建图层"按钮得到背景副本图层,重命名为"立体字"。

(2)切换到通道面板,单击"创建新通道"按钮创建新通道 Alpha 1,重命名该通道为"文字"。用文字工具输入文字"metal",此时文字通道效果如图 6.3.3 所示。

图 6.3.2　素材 1

图 6.3.3　文字通道效果

(3)拖动文字通道到"创建新通道"按钮,得到文字副本通道,重命名为"立体字"。执行"滤镜|风格化|浮雕效果"命令,设置角度为 -45 度,高度为 11 像素,数量为 100%。

(4)对立体字通道,执行"滤镜|模糊|高斯模糊"命令,设置模糊半径为 2.2 像素。立体字通道处理完成,效果如图 6.3.4 所示。

任务二　制作立体字图层

点选 RGB 通道,切换到图层面板,选择背景副本图层。执行"图像|应用图像"命令,参数设置如图 6.3.5 所示。制作完成,效果如图 6.3.1 所示。

图6.3.4 立体字通道

图6.3.5 应用图像参数

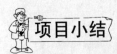

本项目中带背景纹理立体字的制作方法用了通道运算命令"应用图像"、浮雕效果滤镜和高斯模糊滤镜,通道的运算可以得到不同的效果。对不同效果的通道,通常可以应用类似方法来做类似效果。

相关知识点

使用"应用图像"命令,可以将一个图像的图层和通道(源)与现用图像(目标)的图层和通道混合。意思就是说,可以把其他图像(可以是其中某个通道)或者图像本身中的某个通道通过混合模式作用到目标中去,这个目标可以是整幅图像也可以是单个通道。

"应用图像"对话框中参数说明如下。

(1)"预览":若勾选该项,在图像窗口中可以预览效果。

(2)"源":选取要与目标组合的源图像、图层和通道。若要使用源图像中的所有图层,选择"合并图层"。勾选"反相",则在计算中使用通道内容的负片。

(3)"混合":选取一个混合选项,有关"相加"和"减去"选项的详细信息。输入不透明度可以指定效果的强度。选择"保留透明区域"选项,只将效果应用到结果图层的不透明区域。如果要通过蒙版应用混合,可以选择"蒙版"选项,然后选择包含蒙版的图像和图层。对于"通道",可以选择任何颜色通道或 Alpha 通道用作蒙版,也可使用基于现用选区或选中图层(透明区域)边界的蒙版。选择"反相"选项,则反转通道的蒙版区域和未蒙版区域。

项目6.4 制作珐琅字

【效果展示】

珐琅字效果如图 6.4.1 所示。

【制作思路】

珐琅字的明暗搭配十分复杂,要实现这样的效果需掌握通道计算的使用。本项目主要用文字工具、高斯模糊滤镜、"计算"命令、曲线调整等工具完成通道的制作,再利用通道完成珐琅文字的制作。

图 6.4.1 　珐琅字效果

【制作过程】

任务一　制作珐琅字通道

（1）打开素材1，如图6.4.2所示。本项目以素材1做背景。

（2）设置前景色为黑色，背景色为白色。点选"新建图层"按钮得到图层1，按快捷键［Ctrl］＋［Del］用白色填充图层1。

（3）切换到通道面板，点选"新建通道"按钮得到 Alpha 1 通道。用文字工具输入文字"珐琅"，字体为方正少儿，字号为90点。

（4）复制 Alpha 1 通道得 Alpha 1 副本，重命名通道为"Alpha 2"。执行"滤镜|模糊|高斯模糊"命令，设置模糊半径为5像素，执行"图像|调整|反相"命令。通道 Alpha 2 效果如图6.4.3所示。

图 6.4.2 　素材1

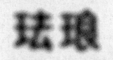

图 6.4.3 　Alpha 2 通道

（5）执行"图像|计算"命令，设置将源1中的通道改为 Alpha 1，其余取默认值。得到 Alpha 3，效果如图6.4.4所示。

（6）再次选中通道 Alpha 1，复制 Alpha 1 通道，并重命名 Alpha 1 副本通道为"Alpha 4"。执行"滤镜|模糊|高斯模糊"命令，设置模糊半径为8像素。执行"图像|调整|曲线"命令，调整曲线参数如图6.4.5所示。

（7）执行"图像|计算"命令，设置将源1中的通道改为 Alpha 1，其余取默认值。得到 Alpha 5，效果如图6.4.6所示。

任务二　制作珐琅字

（1）点选 RGB 通道。按［Ctrl］键，同时单击 Alpha 1 通道图标载入 Alpha 1 选区。回

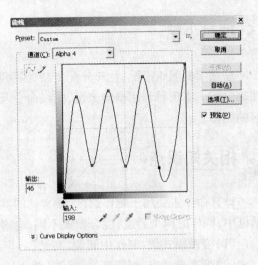

图 6.4.4　通道 Alpha 3　　　　　　　　　　图 6.4.5　"曲线"对话框

到图层面板,设置前景色、背景色分别为黑色、白色,选中图层 1。选择渐变工具,选择 spectrum 渐变色,从选区左边往右边拖动鼠标线性渐变,效果如图 6.4.7 所示。

图 6.4.6　通道 Alpha 5　　　　　　　　　　图 6.4.7　Alpha 1 选区渐变

(2)切换到通道面板,按[Ctrl]键,同时单击 Alpha 3 通道图标载入 Alpha 3 选区。按快捷键[Alt] + [Del]用黑色填充选区。效果如图 6.4.8 所示。

(3)按[Ctrl]键,同时单击 Alpha 5 通道图标载入 Alpha 5 选区。按快捷键[Ctrl] + [Del]用白色填充选区。效果如图 6.4.9 所示。

图 6.4.8　Alpha 3 选区填充黑色　　　　　　图 6.4.9　Alpha 5 选区填充白色

(4)回到图层面板,选中图层 1。执行"选择|色彩范围"命令,设置色彩容差为 70,点选文字外的白色区域,勾选"反相"选项。执行"选择|修改|羽化"命令,设置羽化半径为 5 像素。按快捷键[Ctrl] + [C]复制选区,按快捷键[Ctrl] + [V]粘贴选区得到图层 2。将图层 1 删除。项目制作完成,效果如图 6.4.1 所示。

项目小结

珐琅字的明暗搭配、色彩分配复杂,因而需要形状不规则的选区来实现文字的色彩、明暗分配。本项目利用模糊滤镜、曲线命令及通道计算得到特殊效果的通道,实现特殊选区的制作。

相关知识点

计算命令主要用于制作选区,最常见的就是选择暗调、中间调及高光。在计算命令对话框中,同样的两个通道,混合模式不同,会得到不同的选区。

(1)变暗模式组:制作中间调、高光。

(2)变亮模式组:制作高光、暗调(载入反相)。

(3)叠加模式组:制作反差增大的选区,常用于边界比较模糊的选区。

(4)差值模式组:制作精确的小范围选区,比如绿叶、身体部位等的选区。

读者可根据不同的图片运用不同的方式进行计算,多实践,多收获。

项目6.5   更换背景

【效果展示】

更换背景效果如图6.5.1所示。

图6.5.1   更换背景效果

【制作思路】

先在素材的通道中复制蓝色通道,再对蓝副本利用反相命令、阈值命令及橡皮擦工具制作出人物通道。最后利用人物通道将人物选中,移动到背景图片中,利用自由变换命令修改人物的大小、位置得到最后效果。

【制作过程】

任务一 制作人物通道

（1）打开素材 1，如图 6.5.2 所示。切换到通道面板，观察各个专色通道，看在哪个通道中人物与背景反差较大。本素材中选择蓝色通道，将蓝色通道拖到"新建通道"按钮，得到蓝副本通道，重命名为"人物"。

（2）对人物通道，执行"图像|调整|反相"命令，再执行"图像|调整|阈值"命令，设置阈值色阶为 108。效果如图 6.5.3 所示。（也可以利用"图像|调整|亮度/对比度"命令代替阈值命令。）

图 6.5.2 素材 1

图 6.5.3 阈值效果

（3）选择磁性套索工具，沿人物边缘将人物选取，双击鼠标左键，选取完毕。选择橡皮擦工具 ，将人物中间的黑色擦除，按组合键 [Ctrl] + [Shift] + [I] 反选，将人物外面的白色擦除。取消选区，人物通道建立完成，效果如图 6.5.4 所示。

任务二 更换人物背景

（1）点选 RGB 通道，按 [Ctrl] 键，同时单击人物通道图标，载入人物选区，执行"选择|修改|羽化"命令，设置羽化值为 3 像素。

（2）打开素材 2，如图 6.5.5 所示。本项目以素材 2 作为人物新背景。点选移动工具，将素材 1 的人物拖移到素材 2。按快捷键 [Ctrl] + [T] 自由变换，更改人物的位置、大小。项目制作完成，效果如图 6.5.1 所示。

项目小结

本项目利用通道及反相、阈值命令进行抠图。在图像合成时，往往要进行抠图，当所选物体与背景反差较大时，此方法很有效。利用通道进行抠图，往往要结合橡皮擦工具、"图像|调整|阈值"命令或者"图像|调整|亮度/对比度"命令来实现。

图 6.5.4　人物通道

图 6.5.5　素材 2

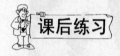

项目 6.6　制作旅游宣传册插图

【效果展示】旅游宣传册插图效果如图 6.6.1 所示。

图 6.6.1　旅游宣传册插图效果

【制作思路】

首先利用云彩滤镜、极坐标滤镜、径向模糊滤镜制作旋转通道,利用添加杂色滤镜、径向模糊滤镜制作放射通道,最后将素材图嵌入插画中,用文字工具及光照效果滤镜制作标志完成插画效果。

【制作过程】

任务一 制作环状通道和放射通道

（1）创建一个 200 像素 × 300 像素，分辨率为 120 像素/英寸的文件。

（2）设置前景色为蓝色，用前景色填充背景图层。

（3）切换到通道面板，新建通道 Alpha 1。将前景色和背景色分别设置为白色和黑色。执行"滤镜|渲染|云彩"命令，再执行"滤镜|扭曲|极坐标"命令产生旋涡状，设置：平面坐标到极坐标。执行"滤镜|模糊|径向模糊"命令，设置模糊方法为旋转，数量为 30。效果如图 6.6.2 所示。

（4）按快捷键[Ctrl]+[T]自由变换，使旋涡充满画布，并且旋涡的中心在画面中心偏左下角。效果如图 6.6.3 所示。

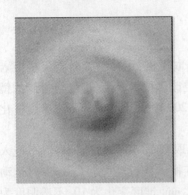

图 6.6.2 Alpha 1 通道

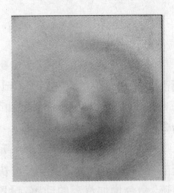

图 6.6.3 Alpha 1 最终效果

（5）新建 Alpha 2 通道。执行"滤镜|杂色|添加杂色"命令为 Alpha 2 通道添加白色杂点，设置数量为 88%，分布为平均分布。执行"滤镜|模糊|径向模糊"命令，设置模糊方法为缩放，数量为 30。执行"图像|调整|亮度/对比度"命令，设置亮度为 -11，对比度为 60，提高画面的对比度。

（6）选择椭圆选框工具，设置羽化值为 20。在 Alpha 2 通道中间拖出一个椭圆选区，按快捷键[Alt]+[Del]，用前景色填充选区。重复填充一次，使填充效果更明显。效果如图 6.6.4 所示。

任务二 制作放射星云背景

（1）点选 RGB 通道，按[Ctrl]键，同时单击 Alpha 1 图标载入 Alpha 1 通道选区，执行"选择|修改|羽化"命令，设置选区羽化值为 3。设置背景色为白色，按[Del]键删除选区。

（2）按[Ctrl]键，同时单击 Alpha 2 图标载入 Alpha 2 通道选区，执行"选择|修改|羽化"命令，设置选区羽化值为 3。按[Del]键删除选区。效果如图 6.6.5 所示。

图 6.6.4   Alpha 2 通道

图 6.6.5   放射背景

任务三   插入图片

（1）打开素材 1，如图 6.6.6 所示。利用魔棒工具选取飞机，用移动工具将飞机拖入当前文件画面中，按快捷键［Ctrl］+［T］自由变换，适当更改飞机大小及位置。执行"滤镜|Eyecandy|运动轨迹"命令增加飞机的动感，设置方向为 200 度，长度为 1.5 cm，锥度变化为 20，不透明度为 25%。

（2）打开素材 2，如图 6.6.7 所示。利用魔棒工具选取汽车，用移动工具将汽车拖入当前文件画面中，水平翻转，按快捷键［Ctrl］+［T］自由变换。执行"滤镜|Eyecandy|运动轨迹"命令增加汽车的动感，设置方向为 155 度，长度为 1 cm，锥度变化为 10，不透明度为 15%。

图 6.6.6   素材 1

图 6.6.7   素材 2

（3）打开素材 3，如图 6.6.8 所示。利用魔棒工具选取货船，用移动工具将货船拖入当前文件画面中，水平翻转，按快捷键［Ctrl］+［T］自由变换。

（4）复制货船图层，得货船副本图层，执行"模糊|动感模糊"命令增加货船的动感，设置角度为 -47 度，距离为 55 像素。设置货船副本图层的不透明度为 50%，对换货船图层与货船副本图层的顺序。对货船副本再执行"编辑|变换|透视"命令，使动感更强烈。

（5）执行"图像|调整|亮度/对比度"命令，提高以上 3 个图层的亮度。

（6）打开素材 4，如图 6.6.9 所示。利用魔棒工具选取地球，用移动工具将地球拖入当前文件画面下部，按快捷键［Ctrl］+［T］自由变换。为地球图层添加"外发光"图层样式。效果如图 6.6.10 所示。

图6.6.8 素材3

图6.6.9 素材4

（7）制作企业标志。新建图层，用椭圆选框工具绘制椭圆环，填充为白色。用文字工具在圆环内输入"W"，字体为迷你简黑棋，颜色为白色。合并圆环和文字图层，为图层添加"斜面和浮雕"图层样式，设置样式为内斜面，方法为雕刻清晰，深度为75%。效果如图6.6.1所示。

（8）为企业标志添加光照效果。执行"滤镜|渲染|光照效果"，设置如图6.6.11所示。项目制作完成，效果如图6.6.1所示。

图6.6.10 嵌入图片

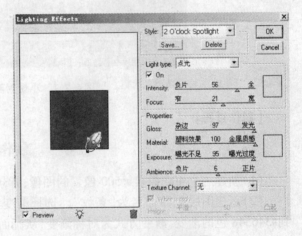

图6.6.11 光照效果设置

项目6.7 制作小说封面

【效果展示】

小说封面效果如图6.7.1所示。

【制作思路】

首先利用渐变工具、波浪滤镜和波纹滤镜制作背景，在通道中完成方形立体外框和心形立体框的编辑，再利用"应用图像"命令在封面中完成立体图形的制作，最后用文字工具、形状工具完成文字编辑。

图 6.7.1　小说封面效果

【制作过程】

任务一　制作背景

（1）新建一个 400 像素 ×500 像素的图像，背景图层为白色。

（2）新建图层 1，重命名为"条纹"。选择渐变工具，编辑渐变色为#346348 色到白色到#346348 色的渐变，渐变方式为对称渐变，从画面中间向右边拖动渐变工具。

（3）执行"滤镜|扭曲|波浪"命令，设置生成器数为 1，波长最大和最小值均为 10，波幅最小为 40，最大为 80，比例水平、垂直都为 100%，类型为正弦。执行"滤镜|扭曲|波纹"命令，设置大小为"中"，数量为 399。效果如图 6.7.2 所示。

任务二　制作封面图片

（1）切换到通道面板，新建通道，重命名为"外框"。用矩形选框工具绘制矩形，填充白色。执行"选择|修改|收缩"命令，设置收缩量为 5 像素。选区填充黑色。外框通道效果如图 6.7.3 所示。

（2）新建通道，重命名为"心形"。用心形形状工具在画面中间绘制白色心形。执行"选择|修改|收缩"命令，设置收缩量为 8 像素。选区填充黑色。心形通道效果如图 6.7.4 所示。

（3）将外框通道拖移到新建通道按钮得到外框副本，执行"滤镜|风格化|浮雕效果"命令，设置角度为 −45 度，高度为 1 像素，数量为 100%。对心形通道执行相同操作。

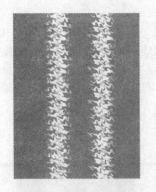

图 6.7.2 背景效果

图 6.7.3 外框通道

(4)点选 RGB 通道,切换到图层面板,选择条纹图层。执行"图像 | 应用图像"命令,设置如图 6.7.5 所示。

图 6.7.4 心形通道

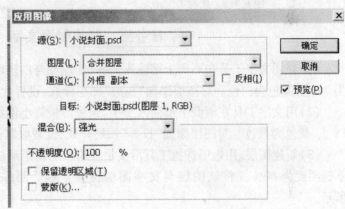

图 6.7.5 应用图像外框副本设置

(5)再次执行"图像 | 应用图像",设置如图 6.7.6 所示。效果如图 6.7.7 所示。

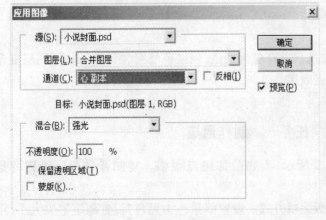

图 6.7.6 应用图像心副本设置

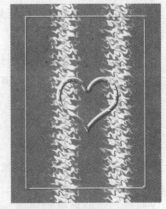

图 6.7.7 制作图像

(6)切换到通道面板,点选心形通道,用魔棒工具选择心形内部。点选 RGB 通道,切换到图层面板。

（7）打开素材1，如图6.7.8所示。按快捷键［Ctrl］+［A］全选，按快捷键［Ctrl］+［C］复制。选择当前文档，执行"编辑|贴入"命令，适当调整嵌入的玫瑰花瓣图片大小。图像制作完成，效果如图6.7.9所示。

图6.7.8 素材1

图6.7.9 贴入花瓣图片

任务三 制作封面文字

（1）使用文字工具在画面上部输入文字"红玫瑰与白玫瑰"，字体为迷你简太极，字号为38点，颜色为白色。对图层添加"描边"图层样式，设置大小为5像素，颜色为黑色。

（2）用文字工具在画面下部输入文字"张爱玲长篇小说集"，字体为华文行楷，字号为18点，颜色为黑色。对图层添加"投影"图层样式，设置取默认值。

（3）新建图层，用矩形选框工具沿文字外轮廓绘制矩形框，颜色为#fdcb6b，设置图层不透明度为60%。将该图层与文字图层位置互换。制作完成，最终效果如图6.7.1所示。

项目6.8 去除脸部雀斑

【效果展示】

去除雀斑效果如图6.8.1所示。

【制作思路】

利用快速蒙版编辑模式制作选区并存储为通道，用杂色滤镜、"计算"命令、图层混合模式、图像调整命令完成祛除斑点效果。

【制作过程】

任务一 制作通道

（1）打开素材1，如图6.8.2所示，人物脸部斑点很多。复制背景图层得到背景副本图层。

（2）按［Q］键切换到快速蒙版编辑方式。设置前景色为黑色，设置画笔笔尖大小，用画笔工具涂选人物脸部的斑点。效果如图6.8.3所示。

（3）再次按［Q］键切换到标准编辑模式。按快捷键［Ctrl］+［Shift］+［I］反选。切换

图 6.8.1　去除雀斑效果

到通道面板,单击"将选区存储为通道"按钮得到 Alpha 1 通道。

　　(4)切换到图层面板,选中背景副本图层,执行"滤镜|杂色|蒙尘和划痕"命令,设置半径为 9 像素,阈值为 2 色阶。

图 6.8.2　素材 1

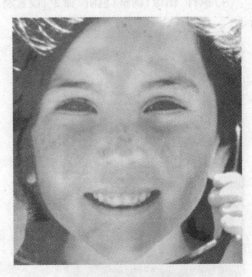

图 6.8.3　涂抹人物斑点

　　(5)按快捷键[Ctrl] +[D]取消选区。对背景副本和背景图层执行"图像|计算"命令,对话框设置如图 6.8.4 所示。得到 Alpha 2 通道,效果如图 6.8.5 所示。

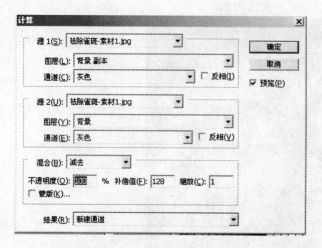

图6.8.4　"计算"对话框　　　　　　　　　图6.8.5　通道 Alpha 2

任务二　利用通道去除斑点

(1)点选通道 Alpha 2,按[Ctrl]键,同时单击 Alpha 1 通道图标。按快捷键[Ctrl]+[C]复制通道 Alpha 2。

(2)单击 RGB 通道,回到图层面板,按快捷键[Ctrl]+[V]粘贴得到图层1。删除背景副本图层。图片效果如图6.8.6所示。

(3)将图层1的混合模式设置为叠加,此时人物脸部的斑点更清晰。再执行"图像|调整|反相"命令,斑点不见了,但有些暗。

(4)执行"图像|调整|色阶"命令,设置将中间调滑块拖到1.08处。效果如图6.8.7所示。

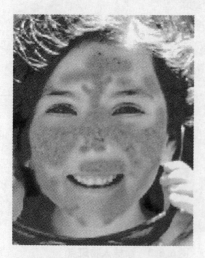

图6.8.6　粘贴 Alpha 2 通道　　　　　　　图6.8.7　色阶处理后效果

(5)切换到通道面板,按[Ctrl]键,同时单击 Alpha 1 通道图标。回到图层面板,点选背景图层,执行"滤镜|USM 锐化"命令,设置数量为158%,半径为0.3像素,阈值为10

色阶。

任务三 进一步去除斑点

(1)拼合背景图层和图层1。执行"图像|模式|Lab 颜色"命令将图像从 RGB 模式转化为 Lab 模式。

(2)切换到通道面板,点选 b 通道,执行"滤镜|杂色|蒙尘和划痕"命令,设置半径为9 像素,阈值为 2 色阶。

(3)点选 a 通道,执行"滤镜|杂色|蒙尘和划痕"命令,设置半径为 4 像素,阈值为1色阶。最终效果如图 6.8.1 所示。

应用滤镜

项目 7

为了丰富照片的图像效果，摄影师们在照相机的镜头前加上各种特殊镜片，这样拍摄得到的照片就包含了所加镜片的特殊效果，这种特殊镜片称为"滤色镜"。特殊镜片的思想延伸到计算机的图像处理技术中，便产生了"滤镜"，这是一种特殊的图像效果处理技术。

滤镜可以在很短时间内产生非常神奇的特殊效果，它可以使图像模拟许多艺术加工后得到的效果，如素描、玻璃、马赛克等。Photoshop 提供了一百多种内置滤镜并支持更多的外置滤镜。

本项目通过一些小的制作，掌握、区分常用滤镜以及外挂滤镜的使用方法。

能力目标

◆能够区分一些常用滤镜产生的效果。

◆能使用滤镜来完成一些带有特殊艺术效果的图片制作。

知识目标

◆认识常用内置滤镜、外挂滤镜的效果和作用。

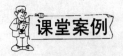

项目 7.1 制作封面——闪亮的星

【效果展示】

封面效果如图 7.1.1 所示。

图 7.1.1 封面效果

【制作思路】

首先利用纤维滤镜和动感模糊滤镜制作背景,再利用画笔工具和图层样式制作星星效果,最后使用外挂滤镜 3D Maker 为文字添加 3D 效果。

【制作过程】

任务一 制作背景

(1)新建一个 600 像素 ×800 像素,背景为白色的文件。

(2)新建一个图层 1,选择前景色为橙红色,背景色为黄色,执行"滤镜 | 渲染 | 纤维"命令为背景添加渲染纤维滤镜,参数取默认值,操作结果如图 7.1.2 所示。(纤维滤镜:用于模拟物体纹理表面的纤维质感。可通过拖动对话框底部的滑杆来进行差异或强度的调整。其中:差异为纤维中两种颜色的对比程度;强度是纤维的锐利程度)

(3)执行"滤镜 | 模糊 | 动感模糊"命令,打开"动感模糊"对话框,设置角度为 −63 度,距离为 398 像素。效果如图 7.1.3 所示。(动感模糊:该滤镜模仿拍摄运动物体的手法,通过对某一方向上的像素进行线性位移产生运动模糊效果。)

图 7.1.2 纤维滤镜效果

图 7.1.3 动感模糊后效果

任务二 制作海报主题

（1）新建图层2，选择画笔，设置动态画笔，选择大小为86像素的星星画笔，在背景中央画上星星。

（2）为星星添加"渐变叠加"、"外发光"、"内发光"图层样式。

任务三 制作文字

（1）选择文字工具，写上文字"闪亮的星"，字体为黑体，大小为40点，颜色为浅绿色，将文字栅格化。

（2）使用外挂滤镜3D Maker对字体做3D图形效果，效果如图7.1.4所示。执行"滤镜|3D Maker"命令后，参照图7.1.5调整3D文字参数。（其中：Angle X/Y——X/Y轴的角度，可通过拖动滑块来设置字体 X 轴（水平方向）或 Y 轴（垂直方向）的角度；Perspective——用于设置文字的透视效果；Zoom——变焦，数值越大字体离视线越近；Depth——字体的厚度，数值越大字体越厚；Round——圆形倒角，该选项会在字体原有基础上增加

图 7.1.4 字体的 3D 效果

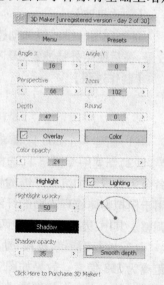

图 7.1.5 3D 文字参数

一个圆形倒角处理。)

（3）给文字图层添加"内发光"、"外发光"效果后完成封面制作,最终效果如图 7.1.1 所示。

项目小结

通过本项目认识了动感模糊滤镜、纤维滤镜的应用方法。滤镜的嵌套使用会带来很多奇特的效果。实际情况中,可适当尝试运用多种滤镜嵌套给图片带来不同的效果。

相关知识点

1. 径向模糊滤镜

该滤镜可以产生具有辐射性模糊的效果,即模拟相机前后移动或旋转产生的模糊效果。操作时选择"滤镜|模糊|径向模糊"命令后,立即显示出"径向模糊"的对话框。在对话框中选择模糊的方法(旋转:把原图图像中心旋转式的模糊模仿旋涡的质感。缩放:把当前文件的图像以缩放效果呈现,常用于做一些人物动感的效果)、模糊的品质(一般:模糊的效果一般。好:模糊的效果较好。最好:模糊的效果特别好。)

2. Photoshop 外挂滤镜的安装方法

在平时图形处理过程中,常常需要制作很多特殊效果。如果利用软件本身的能力处理某些效果很麻烦,可借助一些特效滤镜的帮助,工作就会简单很多。

滤镜的标准安装方法:在安装 Photoshop 滤镜时需要考虑安装的目标文件夹,才能安装。对于 Photoshop CS 版本,路径应该为"C:\Program Files\Adobe\Photoshop CS\增效工具"(注:以上路径为安装时的默认路径,如果在安装时进行变动则应相应变化。)

3. 滤镜使用小技巧

（1）滤镜只能应用于当前可视图层,且可以反复应用,连续应用,但一次只能应用在一个图层上。

（2）滤镜不能应用于位图模式、索引颜色和 48 bit RGB 模式的图像。某些滤镜,如纹理滤镜和艺术效果滤镜只对 RGB 模式的图像起作用,就不能在 CMYK 或 LAB 模式下使用。还有,滤镜只能应用于图层的有色区域,对完全透明的区域没有效果。

（3）有些滤镜完全在内存中处理,所以内存的容量对滤镜的生成速度影响很大。

（4）有些滤镜很复杂或是要应用滤镜的图像尺寸很大,执行时需要很长时间,如果想结束正在生成的滤镜效果,只需按[Esc]键即可。

（5）上次使用的滤镜将出现在滤镜菜单的顶部,可以通过执行此命令对图像再次应用上次使用过的滤镜效果。

（6）如果在滤镜设置窗口中对自己调节的效果感觉不满意,希望恢复调节前的参数,可以按住[Alt]键,这时"取消"按钮会变为"复位"按钮,单击此按钮就可以将参数重置为调节前的状态。

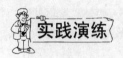实践演练

项目7.2　制作绚丽花朵

【效果展示】

绚丽花朵效果如图 7.2.1 所示。

图 7.2.1　绚丽花朵效果

【制作思路】

首先利用线性波浪滤镜、极坐标滤镜和铬黄滤镜制作电子花朵,再利用渐变工具和图层混合模式为电子花朵添加颜色。

【制作过程】

任务一　制作花朵

(1)新建一个 450 像素 ×340 像素的文件。

(2)新建图层 1,选择渐变工具,选择线性渐变方式,由下往上填充黑色到白色的渐变。

(3)对图层 1,执行"滤镜|扭曲|波浪"命令,设置生成器数 1,波长最大和最小均为 40,波幅最小为 60、最大为 120,比例水平、垂直均为 100,类型为三角形。效果如图 7.2.2 所示。

(4)执行"滤镜|扭曲|极坐标"命令,设置平面坐标到极坐标。效果如图 7.2.3 所示。(极坐标滤镜的工作原理是重新绘制图像中的像素,使它们从直角坐标系转换成极坐标系,或者从极坐标系转换到直角坐标系。它能将横的直线图形线条拉圆,竖的直条线拉成放射性线条。平面坐标到极坐标:以图像的中间为中心点进行极坐标旋转。极坐标到平面坐标:以图像的底部为中心进行旋转。)

(5)执行"滤镜|素描|铬黄"命令,设置细节、平滑度均为 10。效果如图 7.2.4 所示。(铬黄滤镜可将图像处理成银质的铬黄表面效果。亮部为高反射点;暗部为低反射点。细节:控制细节表现的程度。平滑度:控制图像的平滑度。)

图 7.2.2　波浪效果　　　　　　　　　图 7.2.3　极坐标滤镜效果

任务二　添加颜色

（1）新建图层 2，选择渐变工具，设置渐变方式为线性渐变，选择渐变色，从画面左上角到右下角线性渐变填充图层 2。

（2）设置图层 2 的混合模式为颜色，如图 7.2.5 所示。最终效果如图 7.2.1 所示。

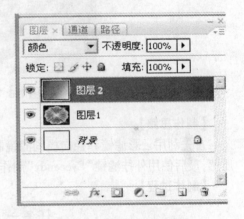

图 7.2.4　铬黄滤镜效果　　　　　　　图 7.2.5　图层 2 混合模式

项目小结

通过电子花朵的制作认识了波浪滤镜、极坐标滤镜和铬黄滤镜产生的效果，掌握了波浪滤镜、极坐标滤镜和铬黄滤镜的使用方法。实际练习中，可以根据情况举一反三制作出多种效果。

相关知识点

（1）扭曲滤镜：可以对图形进行几何变形，能创建三维或其他变形效果。

（2）挤压滤镜：该滤镜能模拟膨胀或挤压的效果，能缩小或放大图像中的选择区域，使图像产生向内或向外挤压的效果。例如，可将它用于照片图像的校正，来减小或增大图片中的某一部分。

项目7.3　制作清凉水波

【效果展示】

清凉水波效果如图7.3.1所示。

图7.3.1　清凉水波效果

【制作思路】

首先利用云彩滤镜和径向模糊滤镜制作出水波初始纹路,再利用铬黄滤镜制作水波质感,最后使用外挂滤镜"Eyecandy"制作出文字的滴水字效果。

【制作过程】

任务一　制作水波背景

(1)新建一个500像素×500像素的文件,将前景色设为黑色,背景色设为白色。

(2)执行"滤镜│渲染│云彩"命令,效果如图7.3.2所示。(云彩滤镜:可模拟出云彩的纹理,可用来做朦胧背景,也可配合其他滤镜灵活使用。)

(3)执行"滤镜│模糊│径向模糊"命令,模糊数量选择30,模糊方法选择旋转,品质选择"最好"。

(4)选择"滤镜│模糊│高斯模糊",模糊半径为6像素,效果如图7.3.3所示。(高斯模糊:该滤镜可根据数值快速地模糊图像,产生很好的朦胧效果。选择高斯模糊后,在对话框的底部,可利用拖动滑杆来对当前图像模糊的程度进行调整,也可直接输入数值半径。)

(5)接着执行"滤镜│素描│基底凸现"命令,设置细节为12,平滑度为10,光照方向为下。效果如图7.3.4所示。(基底凸现:变换图像使图像呈浮雕和突出光照共同作用下的效果。图像的暗区使用前景色替换;浅色部分使用背景色替换。细节:控制细节表现的程度。平滑度:控制图像的平滑度。光照方向:可以选择光照射的方向。)

图 7.3.2 云彩效果

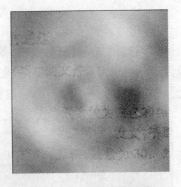

图 7.3.3 高斯模糊效果

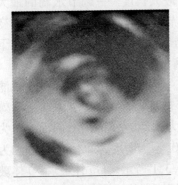

图 7.3.4 基底凸现后的效果

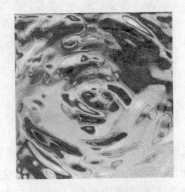

图 7.3.5 水波效果初现

　　(6)执行"滤镜|素描|铬黄"命令,设置细节为7,平滑度为5。最后效果如图7.3.5所示。

　　(7)适当地将水波旋转一下,选择"滤镜|扭曲|旋转扭曲",设置角度为85。

　　(8)最后按快捷键[Ctrl]+[B]或者执行"图像|调整|色彩平衡"命令为水波调整颜色,分别将高光、阴影、中间调的蓝色、青色值调整到较高。背景效果如图7.3.6所示。

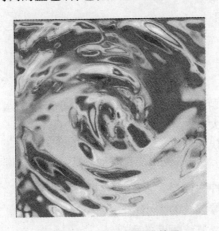

图 7.3.6 色彩平衡后效果

任务二 制作文字

（1）选择"文字"工具，在背景中心输入"WATER"，颜色选择蓝色，字体为 AntFarm，字号为 24 点，也可选择其他粗体来代替。为文字图层分别添加"投影"、"外发光"、"内发光"、"斜面和浮雕图"层样式，参数取默认值，使之有一定的厚度感。

图 7.3.7 滴水效果

（2）执行"滤镜|Eyecandy|滴水"命令来制作滴水字体，设置宽度为 0.12 cm，最大长度值为 1.52 cm，间距为 0.60 cm，逐渐变细为 72，滴下变化为 58。效果如图 7.3.7 所示。（滴水滤镜可为文本或图像添加各种水滴效果。其中：宽度——调节水滴的宽度；最大长度——调节水滴的最大长度；间距——调节各水滴间的水平间距；逐渐变细——水滴锥度，调节水滴下落时的变细量；滴下变化——调节水滴密度的变化量。）

（3）为水滴文字表面增加光泽感。执行"滤镜|EyeCandy 4.0|玻璃"命令为文字添加玻璃效果，设置斜角宽度为 0.27，平滑为 78，斜面放置为选取框里面，边缘暗淡为 -22，倾斜度阴影为 49，折射为 50，不透明度为 2%，色彩调和为 11，玻璃颜色为蓝色。完成滴水文字制作，最终效果如图 7.3.1 所示。（立体玻璃：立体玻璃滤镜通过模拟折射、滤光和反射效应在选区上面生成一层清晰的或染色的玻璃区域。）

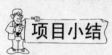

本项目中水波的制作方法用到了多个滤镜，其中表现质感的滤镜如云彩、铬黄滤镜在图片处理中经常用到，项目的重点在于水波前期的质感及纹理的体现。通常可应用类似方法调整不同颜色来做类似效果。

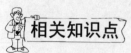

1. 水波滤镜

水波滤镜产生一种"旋转池塘水面"或者水面中心产生的水波效果。其中：

数量——代表波纹的大小；

起伏——代表波纹起伏的程度。

2. 海洋波纹滤镜

海洋波纹滤镜产生一种图像浸入水中的效果。其中：

波纹大小——调整图像波纹的大小；

波纹幅度——调整图像波纹幅度的程度。

3. 玻璃滤镜

玻璃滤镜可以使图像产生一种透过不同种类的玻璃看到图像的效果。其中：

扭曲度——调整图像扭曲的程度；

平滑度——调整图像玻璃效果的平滑程度。

项目7.4　制作玻璃网背景

【效果展示】

玻璃网效果如图7.4.1所示。

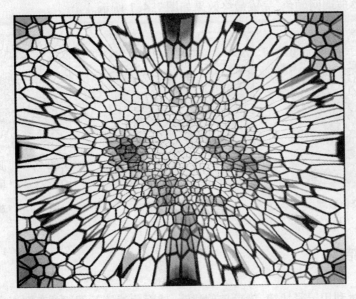

图7.4.1　玻璃网效果

【制作思路】

首先利用云彩滤镜制作背景，使用染色玻璃滤镜制作出玻璃的块状感；再使用球面化滤镜做出拉伸效果，使之看起来像一张网；最后通过复制图层，调整图层混合模式让网看起来有层次感。

【制作过程】

任务一　制作玻璃网格

（1）新建一个500像素×500像素的图像，背景图层为白色。

（2）用默认颜色执行"滤镜|渲染|云彩"命令，再执行"滤镜|纹理|染色玻璃"命令，适当调整数值得到图7.4.2所示的效果。（染色玻璃：该滤镜可将图像重新绘制成彩块玻璃效果，边框由前景色填充。单元格大小——调整单元格的尺寸；边框粗细——调整边框的尺寸；光照强度——调整由图像中心向周围衰减的光源亮度。）

任务二　制作玻璃网

（1）执行"滤镜|扭曲|球面化"命令，设置数量为-94，模式为正常。效果如图7.4.3所示。（球面化：该滤镜能使图像区域膨胀，实现球形化，形成类似将图像贴在球体或圆

柱体表面的效果。注：球面化以中心 0 为标准,如果把滑杆向左拖动那么就会形成挤压的效果,如果把滑杆向右拖动,那么就会形成球面化凸出的效果。)

　　(2)按快捷键[Ctrl]+[J]复制该图层,将混合模式改为"颜色减淡",再执行"编辑I变换I旋转 –180 度"命令。对其再次执行"滤镜I扭曲I球面化"命令(可通过快捷键[Ctrl]+[F]重复使用最后的滤镜)。再次复制图层,将混合模式设为"叠加",执行同样的旋转和滤镜,效果如图 7.4.4 所示。

　　(3)对位于上方的两个图层分别使用"图像I调整I色相平衡"和"图像I调整I亮度/对比度"命令调整玻璃网颜色,完成最终效果如图 7.4.1 所示。

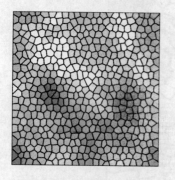  

图 7.4.2　染色玻璃　　　　　　图 7.4.3　球面化　　　　　　图 7.4.4　旋转复制图层

项目小结

　　本项目通过利用云彩滤镜、染色玻璃滤镜、球面化滤镜及图层的不同混合模式制作玻璃网效果。通过本项目的学习,对滤镜的应用应该有充分的认识,对图层混合处理技术要有进一步的理解和认识。读者也可以在原有基础上再多复制几个图层,调整各图层的颜色、对比度和透明度,使纹理更加丰富。

项目7.5　制作镂空文字

【效果展示】

镂空字效果如图 7.5.1 所示。

图 7.5.1　镂空字效果

【制作思路】

首先在 Alpha 通道中创建文字,利用彩色半调滤镜做出文字的镂空效果;再将图形转为选区进行填充;最后利用图层样式中的"投影"做出镂空文字的投影效果。

【制作过程】

任务一 制作字体

(1)新建一个 400 像素 × 400 像素,背景色为白色的文件。

(2)切换到通道面板,新建一个 Alpha 1 通道,用文字工具在 Alpha 1 通道中输入字母"HAPPY"。效果如图 7.5.2 所示。

(3)在文字选区保持情况下,选择"滤镜|像素化|彩色半调"命令,打开"彩色半调"对话框,在弹出窗口中设置最大半径为 20 像素。效果如图 7.5.3 所示。(彩色半调:用于模拟在图像的每个通道上使用放大的半调网屏效果,能使图像产生圆形网状效果。)

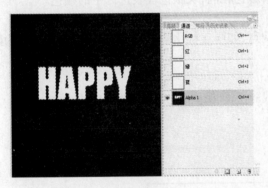 

图 7.5.2 在通道中输入"HAPPY"　　　　图 7.5.3 彩色半调滤镜效果

(4)选择通道面板下面的"将通道作为选区载入"按钮,将文字载入选区。

(5)点选 RGB 通道,切换到图层面板,新建图层 1,填充选区,颜色随意,按快捷键[Ctrl]+[D]取消选择。

任务二 制作效果

(1)选择图层 1,为文字添加"投影"图层样式,设置投影颜色为灰色,角度为 120 度,距离为 21 像素,扩展为 10%,大小为 3 像素。

(2)继续为图层 1 添加"外发光"、"斜面和浮雕 – 纹理"图层样式,使字体突出。最终效果如图 7.5.1 所示。

项目小结

本项目的实现结合了滤镜和通道的综合运用,通过在通道中利用彩色半调滤镜给文字添加镂空效果,来实现镂空文字的制作。效果真实与否关键在于投影的加入使用,它能让字体看起来更富有真实感,另外彩色半调的"最大半径"参数设置直接影响到镂空的效果,数值越小,镂空的密度就越大。

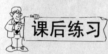

相关知识点

1. 晶格化

该滤镜可以将图像中颜色相近的像素集中到一个多边形网格中,从而把图像分割成许多个多边形的小色块,产生晶格化的效果。有人将它译为水晶折射滤镜。操作时可选择"滤镜|像素化|晶格化"命令。单元格大小:数值越大,单元格越大;数值越小,单元格越小。

2. 彩块化

使纯色或相似色的像素结成相近颜色的像素块。可以使用此滤镜使扫描的图像看起来更像手绘图像,或使现实主义图像类似抽象派绘画。

3. 马赛克

使像素结为方形块。给定块中的像素颜色相同,块颜色代表选区中的颜色。

4. 点状化

将图像中的颜色分解为随机分布的网点,如同点状化绘画一样,并使用背景色作为网点之间的画布区域。

6. 铜版雕刻

将图像转换为黑白区域的随机图案或彩色图像中完全饱和颜色的随机图案。

课后练习

项目 7.6　制作 007 海报

【效果展示】

007 海报效果如图 7.6.1 所示。

图 7.6.1　007 海报效果

【制作思路】

首先利用多个滤镜嵌套使用制作出背景,再利用素材图将海报主题加入图片中,最后制作文字效果,完成海报制作。

【制作过程】

任务一　制作背景

(1)创建一个背景色为黑色、400 像素×400 像素的文件。

(2)执行"滤境丨渲染丨镜头光晕"命令,在"光晕中心"面板的中心位置添加一个镜头光晕,设置亮度为100,镜头类型为50~300 mm 变焦。

(3)重复操作"滤境丨渲染丨镜头光晕"命令,在原有基础上在周围继续添加8个镜头光晕。效果如图7.6.2 所示。

(4)执行"图像丨调整丨去色"命令(快捷键为[Ctrl]+[Shift]+[U]),去掉图像颜色。

(5)执行"滤镜丨像素化丨铜版雕刻"命令,设置类型为中长描边。效果如图7.6.3 所示。

图7.6.2　镜头光晕效果

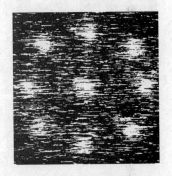

图7.6.3　铜版雕刻效果

(6)执行"滤境丨模糊丨径向模糊",设置模糊方法为"缩放",数量为100,品质为"最好"。重复径向模糊三次,使其效果平滑。

(7)执行"图像丨调整丨色彩平衡"命令,调整其颜色,使图像颜色偏蓝色、青色。效果如图7.6.4 所示。

(8)执行"图像丨调整丨亮度/对比度"命令,调整其对比度,设置亮度为6,对比度为34。

(9)复制背景图层得到背景副本图层,对背景副本使用"滤镜丨扭曲丨旋转扭曲"命令,设置角度为−120。将背景副本的图层混合模式改为"变亮"。

(10)按快捷键[Ctrl]+[F]将"旋转扭曲"命令重复2 次。此时背景效果如图7.6.5 所示。

任务二　制作后期版面

(1)打开素材1,如图7.6.6 所示,用磁性套索工具将图抠出,调整图片,移动到当前文档的背景图上面,并做适当调整,具体可参照图7.6.1。

(2)将抠出的图片边缘柔和。复制图层1 得到图层1 副本,按[Ctrl]键,同时单击图层1 副本图标,选中图片选区,然后执行"选择丨修改丨扩展"命令,扩展5 个像素。接着执行"羽化"命令,设置羽化值为5 像素,填充白色或海报背景近似色。效果如图7.6.7 所示。

图 7.6.4　色彩平衡效果

图 7.6.5　背景最终效果

图 7.6.6　素材 1

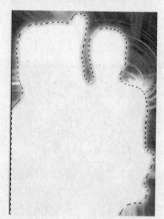

图 7.6.7　羽化效果

（3）将图层 1 副本拖到图层 1 下面,使图片覆盖到羽化填充图之上。

（4）使用文字工具,添加文字,排列其大小,改变各文字的颜色,对文字执行"编辑|描边"命令,完成最终效果,如图 7.6.1 所示。

项目 7.7　制作相机广告

【效果展示】相机广告效果如图 7.7.1 所示。

【制作思路】

首先在背景中画出一条横线,旋转图层,使用风滤镜实现光束效果,再复制图层旋转,接着给极光束填充颜色,最后加入文字及素材图补充画面。

【制作过程】

任务一　制作背景

（1）新建一个 600 像素 × 400 像素文件,前景色为白色,背景色为黑色,背景图层填充为黑色。

（2）新建图层 1,在图层 1 画面中央位置用矩形工具横向画一条细线。如图 7.7.2

图 7.7.1　相机广告效果

所示。

（3）执行"编辑|变换|旋转 90 度（顺时针）"命令，使图层 1 旋转。

（4）执行"滤镜|风|从右到左"命令，使线条有动感。重复操作 2 次，结果如图 7.7.3 所示。

图 7.7.2　画白色细线

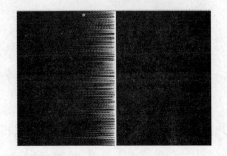

图 7.7.3　风滤镜效果

（5）将图层 1 复制得到图层 1 副本，在图层 1 副本上执行"编辑|变换|水平翻转"命令，将 2 边线条居中对齐。效果如图 7.7.4 所示。

（6）将图层 1 和图层 1 副本进行图层合并，在新合并图层上选择"编辑|变换|旋转 90 度（顺时针）"操作，使其恢复水平位置。

（7）新建一个空白图层，使用渐变工具，从左到右拉一个"色谱"渐变。将图层混合模式改为"正片叠底"，效果如图 7.7.5 所示。

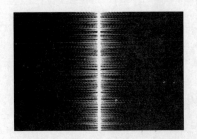

图 7.7.4　两线条重合对齐

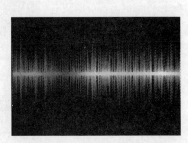

图 7.7.5　调整混合模式效果

任务二　制作主题

（1）打开素材1，如图7.7.6所示，将图片抠出移动到相机广告图的适当位置，并对其边缘进行模糊处理，再加上"外发光"图层样式，让其边缘过渡较柔和。

（2）新建图层，重命名为"光晕"，用钢笔工具在图层上画一条曲线作为路径线，进入此图层的路径面板，选择一个大小为20像素的喷枪画笔，设置画笔的形状动态和散布，在路径调板中第一个路径上单击鼠标右键，选择描边路径，并勾选"模拟压力"选项，效果如图7.7.7所示。

（3）复制光晕图层，并适当调整其角度，使光晕有层次感，画面丰富。将两个光晕图层合并后移动到相机素材图层的背后，让相机露出来。

图7.7.6　素材1

图7.7.7　用画笔描边路径

任务三　制作文字

用文字工具在画面左上角输入"你好，色彩"几个字。将其栅格化，填充为彩虹色。并根据个人喜好加上文字效果。完成相机海报制作，效果如图7.7.1所示。

项目7.8　制作 ROCK 封面

【效果展示】

ROCK 封面效果如图7.8.1所示。

图7.8.1　ROCK 封面效果

【制作思路】

首先利用"渐变叠加"图层样式制作渐变底图,再利用Eyecandy滤镜的动摇变形和运动痕迹制作块状背景的动感,最后利用3D Marker滤镜制作3D文字。

【制作过程】

任务一　制作背景

(1)新建一个500像素×500像素,背景色为白色的文件。

(2)在图层面板中双击背景图层,使背景图层变为普通图层。添加"渐变叠加"图层样式,设置渐变颜色为红色到黑色渐变,其他取默认值。

(3)新建图层1,选择椭圆选择工具在图层1中画出大小不等的几个圆圈,然后以从上到下的方式给选区填充深绿色到浅绿色渐变,效果如图7.8.2所示。

(4)为图层1的圆圈添加一个摇动变形。执行"滤镜|Eyecandy 4.0|摇动变形",设置动作类型为朦胧动作,泡沫尺寸为0.21,弯曲值为0.12,弯曲为5。效果如图7.8.3所示。

图7.8.2　渐变填充　　　　　　　　　　　　　　　　　　　　　**图7.8.3　摇动变形结果**

(5)执行"滤镜|Eyecandy 4.0|运动痕迹"滤镜,为圆点添加运动轨迹效果,设置方向为210度,长度为0.78,锥度变化为25,不透明度为74%,勾选"自边缘着色"选项。

(6)为图层1添加"渐变叠加"图层样式,设置渐变色为蓝色到透明渐变。

任务二　制作文字

(1)用文字工具输入文字"ROCK",字体为黑体,字号为30点,颜色为黑色。

(2)选择外挂滤镜3D Maker,为字体添加3D效果,设置字体X轴角度为10,Y轴为−46,厚度随意,X、Y轴参数如图7.8.4所示,3D字体效果如图7.8.5所示。

图7.8.4　3D字体参数　　　　　　　　　　　　　　　**图7.8.5　3D字体效果**

(3)根据自己喜好,为画面添加其他元素,美化画面。最终效果如图7.8.1所示。

特效文字制作

项目 8

文字非常重要,好的文字,能起到画龙点睛的作用。有时候,在一幅平面设计作品当中,文字占一半以上的分量。文字的输入和编排是平面设计和图像编辑很重要的一项工作。本项目介绍文字制作的常用技巧,如羽化边反白、阴影、立体、变形、特殊填充等,其中运用了 Photoshop 的图层、蒙版、滤镜等功能。

能力目标

◆能够掌握文字制作的常用技巧,如羽化边反白字、阴影字、立体字、水晶字、钻石字、仙人掌字、放射字、魔幻文字、纸片字等。

知识目标

◆掌握文字工具的使用方法,对常用的文字特效有一定的认识,在运用中达到对调色板、图层、通道、滤镜有进一步的了解。

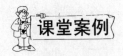

项目8.1　水晶字

【效果展示】

水晶字效果如图8.1.1所示。

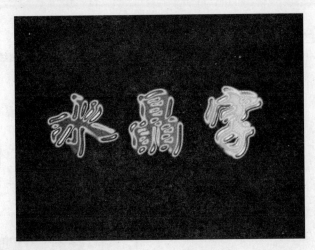

图 8.1.1　水晶字效果

【制作思路】

制作水晶字的重点在于突出水晶的透明且有光泽的效果。制作本例使用通道、图像调整、滤镜在通道中对文字做效果处理,再复制粘贴到图层面板。

【制作过程】

任务一　制作通道

(1)建立一个新文件,背景色图层填充为黑色。

(2)切换到通道面板,单击下面的"新建通道"按钮,建立一个新通道 Alpha 1。

(3)输入文字"水晶字",按快捷键[Ctrl]+[D]取消选择,然后执行"滤镜|模糊|高斯模糊"命令,设置模糊半径为3像素。

(4)复制 Alpha 1 通道。将 Alpha 1 通道拖到"建立新通道"按钮上,得到 Alpha 1 通道的副本。

(5)切换到 Alpha 1 副本通道,执行"滤镜|其他|位移"命令,设置水平为2像素,垂直为2像素,未定义区域为"设置为背景"。

(6)执行"图像|运算"命令,按图8.1.2所示设置好对话框中的参数。

(7)执行"图像|调整|自动色阶"命令,然后按快捷键[Ctrl]+[M](调整曲线的快捷键),调整曲线如图8.1.3所示。

(8)执行"图像|运算"命令,按图8.1.4所示设置好参数后单击"确定"按钮。此时通道面板如图8.1.5所示。

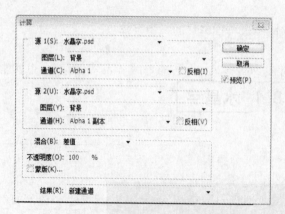

图 8.1.2　第一次运算参数

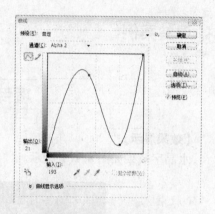

图 8.1.3　曲线调整参数

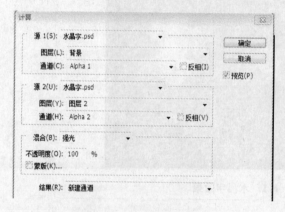

图 8.1.4　第二次运算参数

图 8.1.5　通道面板

任务二　制作文字特效图层

（1）单击 Alpha 3 通道，按［Ctrl］键，同时单击 Alpha 3 通道，按快捷键［Ctrl］+［C］拷贝 Alpha 3 通道，点选 RGB 通道，然后切换到图层面板，选择背景层，按快捷键［Ctrl］+［V］粘贴。选择渐变填充工具，从图像左边拖至右边线性渐变。

（2）切换到通道面板，单击 Alpha 2 通道。按［Ctrl］键，同时单击 Alpha 2 通道，按快捷键［Ctrl］+［C］拷贝 Alpha 2 通道，单击 RGB 通道，然后切换到图层面板，按快捷键［Ctrl］+［V］粘贴。图像制作完成，效果如图 8.1.1 所示。

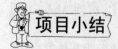 项目小结

　　本项目中制作方法用到了多次图像调节命令，主要是用来对图像的色调、明暗、对比度等方面进行调整。通常可应用类似方法调整做类似效果。

 相关知识点

　　不同的文字字体，代表着不同的含义。

1. 宋体

宋体结构严谨,笔画整齐,是中文字体中最典雅华贵的一种字体。

宋体的主要类型如下。

(1)小标宋:横细竖粗,最为华贵,常用于高雅艺术、文学、学术作品等的标题,也常常被一些酒店、酒吧等用于招牌。

例:**北大往事**

(2)中宋:笔画较小标宋细一些,适用于副标题字。

(3)宋体(印刷宋体):标准的正文字,但绝不可用作标题。

(4)宋黑:宋体与黑体的结合,是将横笔适当地加粗,但正因如此,破坏了小标宋的严谨氛围,所以在平面设计中不推荐用这种字体。

(5)新秀丽:一种将宋体唯美化的字体,显得非常娟秀,但有种病态美。这种字体适合女性类的广告或者网站等其他平面,不适于做大标题。

例:*我的愛慢慢飄過你的網*

(6)仿宋:比较秀丽,但比新秀丽略实了一点,适合做内容文字。

2. 黑体

黑体的特点是稳重。

黑体的主要类型如下。

(1)大黑:比较常用的一种标题字,比普通黑体粗一些,更稳重,看起来也醒目,远看效果也不错,清清楚楚,但就是没有什么风格。

(2)粗黑:有沉重感,用作标题非常好,但给人不太轻松的感觉。

例:**焦点访谈**

(3)美黑:一种细长细长的字体,看起来天生营养不良。

3. 其他字体

(1)综艺:四平八稳,将文字框尽可能地撑满,适合大型标题和主要的次标题,商业味和现代感都比较强,属于非浪漫主义的文字。

例:**Hisense海信电脑**

(2)准圆:圆润,让人放松,是台湾及香港地区最流行的字体,准圆体是作为文章内容的最好字体之一,但一般不适用于标题。平面设计的较大段的说明文字,可以选用准圆体。准圆是圆体的一种,准圆变细成为细圆、幼圆,准圆加粗成为中圆、粗圆。一般来说,准圆用得最多,粗圆有时候也做招牌字。

(3)舒体:给人以自由奔放又不失秀丽的感觉,适合做比较软性的广告方案。

(4)隶书:一种古老的字体,非常圆润。

(5)行楷:很漂亮的一种字体,但没有内涵。

(6)魏碑:苍劲有力,适用于一些传统文化的平面作品。

一般来说,文字在平面应用中应注意以下几点:根据平面的诉求内容来选择主体文字,即标题或者主题文字;根据条目的主次来选择主标题与次标题以及内容简介的字体;字体搭配合理,不能全部都太重,也绝不可都太轻;在主标题上适当地运用特效,但不可全篇都是特效。特效的使用只是为了体现整个平面设计的主旨。过于华丽的文字特效有喧宾夺主之嫌,因此太复杂的特效要少用,关键是要突出主题文字,并与平面设计的其他图形和谐相处。

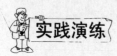

项目8.2　　羽化边反白字

【效果展示】

羽化边反白字效果如图 8.2.1 所示。

(a)效果1

(b)效果2

(c)效果3

(d)效果4

图 8.2.1　羽化边反白字效果

【制作思路】

要实现羽化边反白，先将背景层填充为深色，再将文字用深色写入，然后运用图层菜单或者图层面板，为文字层加上外发光等效果。

【制作过程】

任务一　制作羽化边反白字效果 1

（1）新建 600 像素 ×200 像素大小的文件，将背景层填充为深色。

（2）用深色写入文字"花样年华"，适当调整文字的位置和大小，再栅格化文字。

（3）在背景图层上新建图层 1，同时单击文字图层图标，执行"选择 | 扩展"命令，扩展值为 2，再选择"选择 | 羽化"命令，羽化值为 5。用浅色填充选区。效果如图 8.2.1 效果 1 所示。

任务二　制作羽化边反白字效果 2

（1）新建 600 像素 ×200 像素大小的文件，将背景层填充为深色。

（2）用深色写入文字"花样年华"，适当调整文字的位置和大小，再栅格化文字。

（3）在背景图层上新建图层 1，按［Ctrl］键，同时单击文字图层图标，执行"选择 | 扩展"命令，扩展值为 2，再执行"选择 | 羽化"命令，羽化值为 5。

（4）对图层 1，选取渐变工具填充选区，填充时取消"保护透明区域"一项，最终效果如图 8.2.1 效果 2 所示。

任务三　制作羽化边反白字效果 3

（1）新建 600 像素 ×200 像素大小的文件，将背景层填充为深色。

（2）用深色写入文字"花样年华"，适当调整文字的位置和大小，再栅格化文字。

（3）在背景图层上新建图层 1，按［Ctrl］键，同时单击文字图层图标，执行"选择 | 扩展"命令，扩展值为 15，再执行"选择 | 羽化"命令，羽化值为 8。

（4）对图层 1，用图案填充选区，一次不行填充两次。最终效果如图 8.2.1 效果 3 所示。

任务四　制作羽化边反白字效果 4

（1）新建 600 像素 ×200 像素大小的文件，将背景层填充为深色。

（2）用深色写入文字"花样年华"，适当调整文字的位置和大小，再栅格化文字。

（3）在背景图层上新建图层 1，按［Ctrl］键，同时单击文字图层图标，执行"选择 | 扩展"命令，扩展值为 20，再执行"选择 | 羽化"命令，羽化值为 10。

（4）对图层 1，用一幅背景图片填充选区（利用贴入命令或者删除选区外图片方法实现）。最终效果如图 8.2.1 效果 4 所示。

项目小结

本项目的制作多次用到选区的扩展、羽化和填充命令，在选区中填充图案或者图片时，一定要把选区适当扩大才能看出效果。

项目8.3 投影字

【效果展示】

投影字效果如图8.3.1所示。

图8.3.1 投影字效果

【制作思路】

给文字加上阴影会使文字看起来像浮在海平面上一样，从而使文字生动起来。本项目采用图层样式来实现。

【制作过程】

任务一 制作图片文字

（1）新建一个600像素×250像素的文档，背景为白色。用一种较粗的字体（如方正综艺，字体大小为120 pt，）写上任意颜色的文本文字"海纳百川"。

（2）栅格化文字图层，按［Ctrl］键，同时单击文字图层图标载入文字选区。

（3）打开素材1，如图8.3.2所示，全选并复制。

图8.3.2 素材1

（4）切换到新建文档，执行"编辑|贴入"命令，将素材图片放入文字选区得到图层1。用移动工具适当移动图片的位置。

任务二　制作文字的阴影

对文字图层,更改文字颜色为黑色,执行"滤镜|模糊|高斯模糊"命令,模糊半径为6.6像素。适当错开阴影与图片文字的距离。效果如图 8.3.1 所示。

项目小结

本项目的制作特点:在文字中贴入图片,图片与文字相呼应;利用高斯模糊滤镜制作文字的投影效果,简单实用。在文字中贴入图片,文字比较粗大,其效果才明显突出。

相关知识点

给文字加阴影至少有三种方法可实现,常用的有以下三种。

第一种:本项目使用的方法。

第二种:利用文字蒙版工具写入文字选区,保存选区;再将选区进行羽化,填充黑色制作阴影;最后调入刚才存的选区,建立新层,重新填充文字颜色,拉到合适的位置,即可完成。

第三种:利用图层样式中的"投影"样式,很容易完成。

项目8.4　立体字

【效果展示】

立体字效果如图 8.4.1 所示。

图 8.4.1　立体字效果

【制作思路】

首先利用浮雕效果滤镜和高斯模糊滤镜制作通道字的立体效果;再将立体文字复制

到图层,利用填充命令实现立体字的背景纹理效果;最后为文字添加"外发光"图层样式。

【制作过程】

任务一　制作文字通道

(1)打开素材1,如图8.4.2所示。

(2)切换到通道面板,新建通道,用文字工具写入"美丽人生",去掉选区(按快捷键[Ctrl]+[D]),复制Alpha 1得Alpha 1副本。

(3)对Alpha 1副本执行"滤镜|风格化|浮雕效果"命令进行立体化,设置角度为−50度,高度为10,数量为100。对这个通道再执行"滤镜|模糊|高斯模糊"命令,使立体自然一点,设置半径为1.8。效果如图8.4.3所示。

图8.4.2　素材1

图8.4.3　Alpha 1副本效果

任务二　制作立体文字

(1)调入以前存入的选区Alpha 1,对选区执行"选择|修改|扩展"命令,将选区扩大3像素,按快捷键[Ctrl]+[C]复制。

(2)去掉选区,单击RGB通道回到图层操作中,在图层面板中选择背景图层,按快捷键[Ctrl]+[V]进行粘贴,此时出现一个新层,效果如图8.4.4所示。

(3)保持选区,执行"编辑|填充"命令,设置填充的内容为历史,模式为柔光。效果如图8.4.5所示。

图8.4.4　新图层

图8.4.5　图层填充后效果

(4)为图层添加"外发光"图层样式,最后效果如图8.4.1所示。

项目小结

让文字产生立体感有许多方法,Photoshop 主要是应用了"滤镜|风格化|浮雕效果"命令及图层样式中的"斜面和浮雕"命令,本项目采用"滤镜|风格化|浮雕效果"来实现。同样地,文字中要映射出背景图片,文字比较粗大,其效果才明显突出。本项目中主要应用了"滤镜|风格化|浮雕效果"命令、填充命令及通道。

项目 8.5 钻石字

【效果展示】

钻石字效果如图 8.5.1 所示。

图 8.5.1 钻石字效果

【制作思路】

制作钻石字的重点在于突出钻石闪光耀眼的效果。首先利用扭曲玻璃滤镜和阈值命令制作文字中的小钻石效果,利用图层样式制作描边效果,最后执行"色相|饱和度"命令调整文字的颜色,用图层样式制作边缘内发光效果。

【制作过程】

任务一 制作文字中心的钻石效果

(1)新建一个 600 像素 × 200 像素的文档,背景为白色。用一种较粗的字体(如 Impact,字体大小为 140 pt),写上 30% 灰色的文本,如果不太理想,可以用自由变换工具缩放、移动。

(2)栅格化文字图层,载入选区,执行"滤镜|扭曲|玻璃",设置扭曲度为20,平滑度为1,纹理为小镜头,缩放为55%。执行"图像|调整|阈值"命令使文字为黑白,取消选择。效果如图8.5.2所示。

图 8.5.2 文字中的小钻石效果

任务二　描边文字

（1）双击图层面板，打开图层样式选项，选择描边，设置大小为10像素，位置居中，填充类型选择渐变，在渐变列表中选择铜色渐变，其余按照默认模式。

图 8.5.3　描边后效果

（2）添加"斜面和浮雕"图层样式，设置样式为"描边浮雕"，方法为"平滑"，深度为1 000%，方向为上，大小为10 像素，软化为0 像素；在阴影光泽等高线列表中选择"环形"，消除锯齿，其余按默认设置。金属质感出来了，效果如图8.5.3 所示。

任务三　文字变色

要进行上色工作，赋予文字黄金的色泽，当然是用"色调/饱和度"命令，可是如果现在就上色的话，改变的只是黑白图案，金属部分并没有改变。要改动这部分，就必须将图层效果和图层分离，只有当图层效果成为单独一层的时候，才可以对它作用。

（1）在文字图层的图层效果上单击鼠标右键，在弹出的菜单中选择"创建图层"命令，这样在原来的图层上多了三个层，拼合三个图层为图层1。

（2）对图层1，用"色相|饱和度"命令调整颜色，选择色相为35，饱和度为100，明度为10，勾选"着色"选项。

（3）对图层1，添加"内发光"图层样式以调整金属边缘的亮度。

（4）将背景填充为黑色，在图层1上新建一层，用不同大小的星形白色喷枪喷上闪光作为点缀，最终效果如图8.5.1 所示。

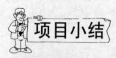

本项目中制作方法主要用到了图层样式、玻璃滤镜及图像调整命令，通过图层样式的描边、内发光、斜面和浮雕设置得到金属边效果。

项目8.6　亮光放射字

【效果展示】
亮光放射字效果如图8.6.1 所示。
【制作思路】
本例制作放射文字，主要使用滤镜中的极坐标和风格化等来制作出放射效果，然后再

图 8.6.1 亮光放射字效果

适当地给文字加上图层样式及色彩即可。如果在执行风滤镜的时候多次重复,就可以形成更长的线条,那么在最终效果上也可以形成更长的环状。方法非常实用,不仅适用于文字,其他的图形等都可以使用。

【制作过程】

任务一 制作文字

(1)新建图像(尺寸最好为正方形),将背景设为黑色,然后输入白色的文字"奥运加油",栅格化文字层。

(2)将文字层复制一层,并隐藏原先的文字层。对文字复制层设定"外发光"图层样式:方法为柔和,扩展为 15%,大小为 10 像素,其余用默认值。在图层面板中将其填充设为 0%。图像效果如图 8.6.2 所示。

(3)新建一个空白图层,将其与设定了样式的文字层一同选择,然后合并两者得到图层 1。此时图层面板如图 8.6.3 所示。

图 8.6.2 文字无填充外发光效果

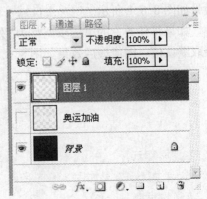

图 8.6.3 图层面板

任务二　制作放射效果

（1）对图层 1，执行"滤镜|扭曲|极坐标"命令，设置方式为"极坐标到平面坐标"。对该图层使用"滤镜|风格化|风"操作 2 次，方向选"从右"。然后将该滤镜再执行 2 次，方向选"从左"。通过"图像|旋转画布|90（逆时针）"命令使图像逆时针旋转 90°，重复执行风滤镜操作从左和从右各 1 次。这样总共执行 6 次风滤镜的操作，完成后再将画布旋转回原先的角度。

（2）对执行了 6 次风滤镜的图层再次使用极坐标滤镜，这次方式为"平面坐标到极坐标"。此时效果如图 8.6.4 所示。

任务三　着色

（1）建立色彩平衡或渐变映射调整图层，为灰度图像着色。效果如图 8.6.5 所示。

图 8.6.4　滤镜处理后效果

图 8.6.5　添加调整图层后效果

（2）显示原先备份的文字图层，将其移动到最上层，将其填充不透明度设为 0%。然后对其设定"内发光"样式，设置大小为 20 像素，其余取默认值。

（3）设定"外发光"样式，设置模式为亮光，大小为 80 像素，其余取默认值。图像最后效果如图 8.6.1 所示。

如果将任务三的第三步调整为"外发光"样式，设置模式为溶解，大小为 30 像素，其余取默认值。图像最后效果如图 8.6.6 所示。

图 8.6.6　溶解放射字效果

> ## 项目 8.7　花瓣字

【效果展示】

花瓣字效果如图 8.7.1 所示。

图 8.7.1　花瓣字效果

【制作思路】

　　本项目的制作分为三部分:背景、文字及细节装饰。首先利用渐变工具和图层样式制作背景部分,文字部分的制作利用花瓣素材、文字工具、钢笔工具及图层样式来实现,最后,在画面中添加玫瑰花和蝴蝶来衬托文字。

【制作过程】

任务一　制作背景

（1）新建一个 1 800 像素 ×1 200 像素的文档,建立新图层 1,用径向渐变工具在图中拖出如图 8.7.2 所示的渐变,渐变色选用#f5c579 和黑色。

（2）新建图层 2,用径向渐变工具在左上角拖出蓝色到白色的渐变,调整图层不透明度为 20%,图层混合模式为颜色。

（3）新建图层 3,用径向渐变工具在右下角拖出粉色到白色的渐变,调整图层不透明度为 20%,图层混合模式为颜色。效果如图 8.7.3 所示。

图 8.7.2　径向渐变　　　　　　　　　　图 8.7.3　背景最后效果

任务二　制作花瓣字

（1）输入文字"ROSE",可以用比较粗厚的字体。设置文字图层的混合模式为颜色,不透明度为 50%。

（2）打开制作文字的花瓣素材 1,如图 8.7.4 所示。将花瓣素材图片移到文字图层的下面。将花瓣素材适当缩小,复制拼接图片使图片充满整个文字区域,如图 8.7.5 所示。

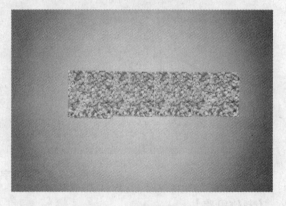

图 8.7.4　素材 1　　　　　　　　　　图 8.7.5　花瓣调整效果

（3）用钢笔工具分别围绕每个字母边缘做不太规则的路径并将其保存为单独的一个路径,如图 8.7.6 所示。

（4）将制作完毕的路径分别转换成选区,回到花瓣图层上复制出来,并将复制出来的四个花瓣文字图层合并,图层重命名为"花瓣字"。将文字图层和花瓣图层隐藏,效果如图 8.7.7 所示。

图 8.7.6　勾勒文字边缘

图 8.7.7　花瓣字雏形

(5)为花瓣字图层加入图层样式,以增加文字的立体感。添加"斜面和浮雕"样式:大小为 10 像素,其他取默认值。再添加"光泽"图层样式:混合模式为滤色,不透明度为 13%,其余取默认值。加入"投影"图层样式:距离为 20 像素,大小为 1 像素,不透明度为 50%,其余取默认值。效果如图 8.7.8 所示。

(6)按[Ctrl]键,同时单击该层图标,载入其选区,在花瓣字图层下新建一个图层,将选区填充为黑色。在保持选定的情况下,按住[Alt]键,同时按[→]键 11 次。执行"滤镜|模糊|动感模糊"命令,设置角度为 −45 度,距离为 30 像素,然后设置图层不透明度为 50%。

(7)将花瓣字图层的投影按照光线的来源角度摆放到正确的位置。效果如图 8.7.9 所示。

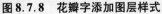

图 8.7.8　花瓣字添加图层样式

图 8.7.9　花瓣字最后效果

任务三　添加点缀图形

(1)打开素材 2 和素材 3,分别如图 8.7.10 和图 8.7.11 所示。

(2)将以上两个素材放置到当前新文档中的合适位置,用自由变换工具调整好大小、位置,将玫瑰花素材复制,进行自由变换。

（3）为新加入的图形设置"投影"图层样式。最终效果如图8.7.1所示。

图 8.7.10　素材 2

图 8.7.11　素材 3

项目8.8　纸片字

【效果展示】纸片字效果如图8.8.1所示。

图 8.8.1　纸片字效果

【制作思路】

本例制作纸片字,主要应用工具有通道、蒙版、图层样式。

【制作过程】

任务一　制作文字

（1）新建一个背景色为白色的 RGB 文件,新建一个图层。

（2）选择横排文字蒙版工具,在图像上输入文字"Paper",再按［Q］键进入快速蒙版编辑状态,执行"滤镜|像素化|晶格化"命令,设置单元格大小为5像素。

（3）按［Q］键退出快速蒙版编辑状态,设置前景色为浅棕色,按［Alt］+［Delete］键以前景色填充文字选区。效果如图8.8.2所示。

图 8.8.2　纸片效果

任务二　为文字添加纹理

（1）切换到通道面板,新建 Alpha 1 通道。对 Alpha 1 通道,执行"滤镜|渲染|云彩"命令。

（2）单击 RGB 通道,回到图层面板,按［Ctrl］键,同时单击文字图层图标选择文字。

保持对文字的选择,回到 Alpha 1 通道,按快捷键[Ctrl] + [C]复制。单击 RGB 通道,回到图层面板,按快捷键[Ctrl] + [V]粘贴,得到一个新图层 2。

(3)对图层 2,将图层混合模式改为叠加。合并两个文字图层。效果如图 8.8.3 所示。

图 8.8.3　添加云彩纹理

(4)按[Ctrl]键,同时单击文字图层图标选择文字,执行"滤镜|渲染|光照效果"命令,设置样式为 Default,光照类型为全光源,选中"开",强度为 11,光泽为 0,材料为 69,曝光度为 0,环境为 28。

(5)保持对文字的选择,执行"图像|调整|亮度/对比度"命令,在对话框中设置对比度为 +40。

(6)取消对文字的选择,为文字添加"投影"图层样式。最终效果如图 8.8.1 所示。

模块三
综合实例篇

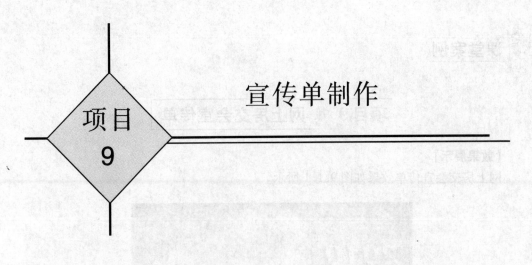

宣传单制作

项目 9

宣传单是商业贸易活动中的重要媒介体,俗称小广告。它具有针对性、独立性和整体性等特点,可以向消费者传达丰富的商业信息,为商业宣传所广泛应用,主要针对商场、公司的新产品介绍、活动推广和信息发布等方面进行宣传推广。

宣传单可分为三类:一类是宣传卡片(包括传单、折页、明信片、贺年片、企业介绍卡、推销信等),用于商品提示、活动介绍和企业宣传等;另一类是样本(包括各种册子、产品目录、企业刊物、画册),用于系统展现产品,树立一个企业的整体形象,包括前言,厂长或经理致辞,各部门、各种商品及成果介绍,未来展望和服务介绍等内容;最后一类是说明书,一般附于商品包装内,让消费者了解商品的性能、结构、成分、质量和使用方法。

本项目通过四个宣传单的制作,介绍宣传单的制作方法和技巧。

能力目标

◆ 能综合运用所学知识制作宣传单。

知识目标

◆ 理解宣传单的分类、作用。

◆ 掌握宣传单的制作思路、制作手法和制作技巧。

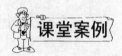

项目9.1 网上房交会宣传单

【效果展示】

网上房交会宣传单效果如图 9.1.1 所示。

图 9.1.1 网上房交会宣传单效果

【制作思路】

本项目制作网上房交会的宣传单,宣传单的中上部,说明了房交会为顾客提供的优质服务内容以及顾客可以享受的权益;在中下部,以 LOGO 的形式给出参加此次房交会的实力雄厚的参展商及合作媒介;在画面的下部,以文字形式给出了网址及客服热线。整幅宣传单设计简单大方、层次分明。

在实现手法上,首先利用渐变工具、滤镜及图层样式制作背景,再利用移动工具、选框工具、图层样式等处理插入图片,最后利用文字工具、图层样式处理文字及修饰画面。

【制作过程】

任务一　　制作背景

（1）新建一个 A4 纸张大小，分辨率为 300 像素/英寸，颜色模式为 CMYK 的图像。将背景层填充为黑色，执行"滤镜|艺术效果|胶片颗粒"命令，设置颗粒为 2，强度为 1。

（2）新建图层 1，在图层样式中设置颜色叠加属性，叠加颜色#bf111a。添加图层蒙版，选择渐变工具，设置渐变色为白色到黑色，径向渐变填充。

（3）为了提亮画面颜色，将图层 1 复制一次得到图层 1 副本。

（4）打开素材 1，如图 9.1.2 所示。选取舞台幕布，拖曳到当前文档顶部，重命名图层为"背景幕布"。添加"投影"图层样式，设置混合模式为"正片叠底"，不透明度为 75%，角度为 120 度，使用全局光，距离为 6 像素，扩展为 10%，大小为 12 像素。

图 9.1.2　素材 1

（5）制作舞台光束。打开素材 2，如图 9.1.3 所示。将素材拖曳到当前文档上部，重命名图层为"光束"。执行"滤镜|模糊|动感模糊"命令，设置角度为 90 度，距离为 400 像素。执行"滤镜|模糊|高斯模糊"命令，设置半径为 1.6 像素。按快捷键[Ctrl]+[T]自由变换。再执行"编辑|变换|透视"命令调节光束。复制光束图层 5 次，调整好 6 个图层中光束的位置。选中各个图层，并按快捷键[Ctrl]+[E]将 6 个光束图层合并。将图层不透明度设置为 80%。将光束图层移动到背景幕布图层下。效果如图 9.1.4 所示。

图 9.1.3　素材 2

图 9.1.4　背景效果

任务二　　插入图片

（1）打开素材 3，如图 9.1.5 所示。选中楼房图，拖到当前文件背景图上，适当调整图片大小、位置。用硬度比较低的橡皮擦将多余图像擦除。效果如图 9.1.6 所示。

（2）新建三个图层。分别用矩形选框工具在三个图层绘制出三个矩形选区，前两个用白色填充选区，最后一个用黑色填充选区。分别重命名图层为"文字"、"赞助商"、"媒体商"。图层透明度分别设置为"17%"、"19%"、"28%"，效果如图 9.1.6 所示。

图 9.1.5　素材 3

图 9.1.6　插入图片

任务三　制作文字

（1）用文字工具在画面上部输入斜体文字"2010"，字体为 Arial Black，字号为 65 点，颜色为白色。为图层添加"描边"图层样式，设置描边大小为 2 像素，颜色为#bb7f10，内部描边。为图层添加"渐变叠加"图层样式，设置渐变样式为线性，渐变颜色由#fefdea 开始，渐变位置 50% 处颜色为#efde86，渐变位置 51% 处颜色为#fbf5c1，渐变位置 100% 处颜色为#fbea8f。为图层添加"投影"图层样式，设置距离为 4 像素，扩展为 20%，大小为 5 像素。为图层添加"内发光"图层样式，设置不透明度为 40%，颜色为纯白，阻塞为 0%，大小为 6 像素。效果如图 9.1.7 所示。

（2）用文字工具输入文字"郴州首届网上房交会"，字体为方正黑体，斜体，字号为 54 点，颜色为白色。为图层添加"描边"图层样式，设置描边大小为 2 像素，颜色为"黑→白→黑→灰→黑"渐变，外部描边。为图层添加"渐变叠加"图层样式，设置样式为线性，渐变颜色由#f7fafc 开始，渐变位置 50% 处颜色为#ecf1f4，渐变位置 51% 处颜色为#dfdedd，渐变位置 100% 处颜色为#fafcfd。为图层添加"投影"图层样式，设置距离为 6 像素，扩展为 34%，大小为 5 像素。为图层添加"内发光"图层样式，设置不透明度为 55%，颜色为纯白，阻塞为 5%，大小为 57 像素。为图层添加"斜面和浮雕"图层样式，设置样式为内斜，方法为平滑，深度为 91%。效果如图 9.1.7 所示。

（3）用文字工具输入文字"——24 小时售楼中心全面开放"，字体为方正黑体，字号为 30 点，颜色为白色。为图层添加"投影"样式，设置颜色为黑色，距离为 5 像素，扩展为 0%，大小为 5 像素，不透明度为 75%。为图层添加"渐变叠加"图层样式，设置渐变色由#e5d7d7 到纯白色间渐变。为图层添加"斜面和浮雕"图层样式，设置样式为内斜，深度为 42%。效果如图 9.1.7 所示。

（4）用文字工具输入文字"选择适合自己的房交会："，字体为方正黑体，字号为 27 点，颜色为#faf27c。效果如图 9.1.7 所示。

（5）用文字工具输入文字"参展商："，字体为方正黑体，字号为 15 点，颜色为#faf27c。效果如图 9.1.7 所示。

（6）用文字工具输入文字"★ 随时看房随时买，24 小时售楼中心让您更省心；★ 置业顾问在线客服，专享一对一尊贵服务；★ 视频、文字、图片、网评让您全方位了解楼盘信息；★申请团购，立刻享受更多优惠折扣。"，字体为方正黑体，倾斜，字号为 23 点，颜色为白色。效果如图 9.1.7 所示。

图 9.1.7　加入文字效果

（7）用文字工具输入文字"合作媒体："，字体为方正黑体，字号为 15 点，颜色为#faf27c。效果如图 9.1.7 所示。

（8）用文字工具输入文字"新视野房产网，您的 24 小时售房服务中心，您的专属购房专家；新视野房产网：www. cz123. com　客服热线：0735 – 1234567"，字体为方正黑体，字号为 16 点，颜色为白色。效果如图 9.1.7 所示。

任务四　制作最后效果

（1）打开素材 4，如图 9.1.8 所示。分别将参展商图标选中，拖入当前文件中并保存为不同的新图层，适当调整图片大小、位置，如图 9.1.1 所示。

（2）打开素材 5，如图 9.1.9 所示。分别将合作媒体图标选中，拖入当前文件中并保存为不同的新图层，适当调整图片大小、位置。完成项目，效果如图 9.1.1 所示。

图 9.1.8　素材 4

图 9.1.9　素材 5

项目9.2 信息港网站招商宣传单

【效果展示】

信息港网站招商宣传单效果如图9.2.1所示。

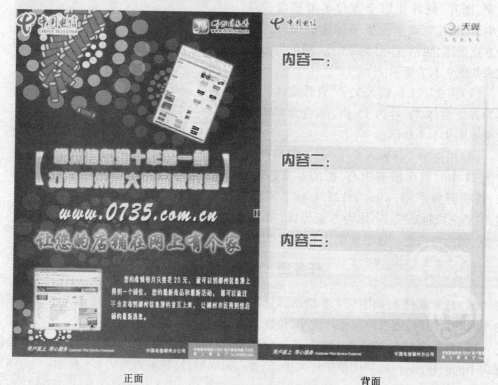

正面   背面

图9.2.1 信息港网站招商宣传单效果

【制作思路】

本项目制作信息港网站招商宣传单,在广告的正面,有网站招商的计划、信息港为加盟商提供的优质服务内容、加盟商可以享受的权益等内容。在中间位置,突出了信息港的地址,并且通过信息港的网站剪切图片让加盟商直观地感受信息港可以提供的服务。宣传单上部有电信公司标志以及信息港标志,宣传单下部有电信公司的服务理念和联系地址、电话,在宣传单的背面,可以加入信息港提供的具体项目的内容以及价格表。宣传单设计简单大方。

在实现手法上,利用图片制作广告正面背景,再利用移动工具、图层样式等处理插入图片,利用文字工具、图层样式及画笔工具处理文字及修饰画面。利用渐变填充、文字工具、画笔工具、形状工具制作广告的背面。

【制作过程】

任务一　制作广告正面背景

（1）新建一个 42 cm×29.7 cm，分辨率为 300 像素/英寸，颜色模式为 CMYK 的文件。

（2）打开素材 1，如图 9.2.2 所示。用移动工具将图片拖到当前文件左部，按快捷键[Ctrl]＋[T]自由变换，适当调整图片大小、位置。

图 9.2.2　素材 1

任务二　添加正面图形

（1）打开素材 2，如图 9.2.3 所示。将网站图选中，拖入当前文档，按快捷键[Ctrl]＋[T]适当调整图片大小、位置。为图层添加"描边"图层样式，设置描边颜色为#00e5e8，大小为 1 像素，位置为外部，不透明度为 100%。为图层添加"外发光"图层样式，设置混合模式为滤色，不透明度为 75%，颜色为纯白，扩展为 7%，大小为 16 像素。效果参见图 9.2.8。

（2）打开素材 3，如图 9.2.4 所示。将网站图选中，拖入当前文档，按快捷键[Ctrl]＋[T]适当调整图片大小、位置。为图层添加"描边"图层样式，设置颜色为#00e5e8，大小为 1 像素，位置为外部，不透明度为 100%。为图层添加"外发光"图层样式，设置滤色，不透明度为 75%，颜色为纯白，扩展为 7%，大小为 16 像素。

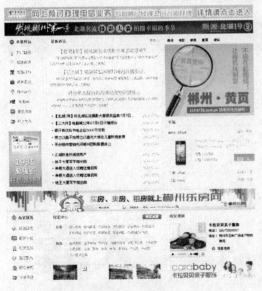

图 9.2.3　素材 2　　　　　　　**图 9.2.4　素材 3**

（3）打开素材 4，如图 9.2.5 所示。选中郴州信息港图标，拖入当前文档顶部，按快捷键[Ctrl]＋[T]适当调整图片大小、位置。为图层添加"描边"图层样式，设置颜色为纯白，大小为 2 像素，位置为外部，不透明度为 100%。为图层添加"外发光"图层样式，设置滤色，不透明度为 75%，颜色为纯白，扩展为 0%，大小为 21 像素。

（4）新建图层，打开素材4，如图9.2.5所示。选中"郴州信息港"文字，拖入当前文档顶部，按快捷键［Ctrl］+［T］适当调整图片大小、位置。为图层添加"描边"图层样式，设置颜色为纯白，大小为2像素，位置为外部，不透明度为100%。为图层添加"外发光"图层样式，设置滤色，不透明度为75%，颜色为纯白，扩展为0%，大小为21像素。效果参见图9.2.8所示。

（5）使用文字工具在画面顶部输入"www.0735.com.cn"，颜色为黑色，字号为11点，字体为方正宋黑，适当调节字符间距。为图层添加"描边"图层样式，设置颜色为纯白，大小为2像素，位置为外部，不透明度为100%。

（6）打开素材5，如图9.2.6所示。将中国电信标志图选中，拖入当前文档，按快捷键［Ctrl］+［T］适当调整图片大小、位置。为图层添加"描边"图层样式，设置颜色为#00e5e8，大小8像素，位置为外部，不透明度为100%。为图层添加"外发光"图层样式，设置混合模式为滤色，不透明度为75%，颜色为纯白，扩展为0%，大小为21像素。

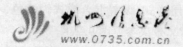

图9.2.5　素材4

图9.2.6　素材5

（7）打开素材6，如图9.2.7所示，将中国电信常用页角拖入当前文档底部，按快捷键［Ctrl］+［T］适当调整图片大小、位置。此时效果如图9.2.8所示。

图9.2.7　素材6

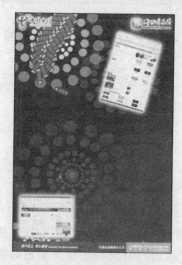

图9.2.8　嵌入底部图片

图9.2.9　素材7

任务三 制作正面文字

(1)用文字工具在画面上部输入文字"郴州信息港十年磨一剑"、"打造郴州最大的商家联盟",字体为方正综艺简体,字号为33点,颜色为红色。为图层添加"描边"图层样式,设置大小为1像素,位置为外部,不透明度为100%,颜色为纯白。为图层添加"渐变叠加"图层样式,设置样式为线性渐变,颜色由白色开始,渐变位置48%处颜色值为d99f00,渐变位置100%处颜色为白色,不透明度均为100%。为图层添加"外发光"图层样式,设置混合模式为滤色,不透明度为75%,颜色为浅黄,颜色值为#ffffbe,扩展为8%,大小为18像素。效果参见图9.2.1所示。

(2)用文字工具输入"【　　】",字体为方正综艺简体,字号为80点。设置图层样式与步骤(1)相同,调节位置。效果参见图9.2.1所示。

(3)用文字工具输入文字"www.0735.com.cn",字体为Brush Script Std,字号为64点,颜色为白色,适当调节字符间距。效果参见图9.2.1所示。

(4)用文字工具在画面中下部输入文字"让您的店铺在网上有个家",字体为华文行楷,字号为54点,颜色值为#ff9000。为图层添加"描边"图层样式,设置大小为2像素,位置为外部,不透明度为100%,颜色为纯白。为图层添加"渐变叠加"图层样式,设置样式为线性渐变,颜色设置为颜色值#cb0404到颜色值#ffb0b0渐变,不透明度均为100%。为图层添加"外发光"图层样式,设置混合模式为滤色,不透明度为75%,颜色为浅黄,颜色值为#ffffbe,扩展为11%,大小为27像素。效果参见图9.2.1所示。

(5)用文字工具输入文字"您的商铺每月只要花20元,就可以到郴州信息港上得到一个铺位,您的最新商品和最新活动,都可以通过平台发布到郴州信息港的首页上来,让郴州市民得到您店铺的最新消息。",字体为方正细黑,字号为18点,颜色为白色。广告正面制作完成,效果参见图9.2.1所示。

任务四 制作广告反面背景

新建一个图层,填充颜色为白色。为图层添加"渐变叠加"样式,设置起始位置颜色值为#f7fd92,渐变位置50%处颜色值为#fdc21f,渐变位置100%处颜色值为#fbf96a。调节图层大小、位置。

任务五 添加反面图形

(1)复制中国电信标志层,将描边大小改成1像素。调节图层到合适大小位置。

(2)打开素材7,如图9.2.9所示。将图标拖动到当前文档的右上角。对图层添加"描边"样式,设置描边颜色为#00e5e8,大小为3像素,位置为外部,不透明度为100%。对图层添加"外发光"样式,设置混合模式为滤色,不透明度为75%,颜色为纯白,扩展为0%,大小为38像素。对图层添加"投影"样式,设置混合模式为正片叠底,不透明度为75%,距离为5像素,扩展为0%,大小5像素。

(3)复制中国电信常用页角图层,适当调整图片大小、位置。

(4)设置前景色为白色。使用圆角矩形工具,绘制四个大小合适的矩形,设置图层透明度为25%。

(5)新建图层,使用画笔笔刷绘制出背景花纹,设置图层透明度为24%。

任务六　添加文字

（1）使用文字工具输入"内容一："，为图层添加"渐变叠加"样式，设置颜色叠加为 #0054a6。为图层添加"描边"样式，设置大小为 8 像素，颜色为白色，位置为外部。

（2）复制"内容一："图层两次，分别修改文字为"内容二："、"内容三："。项目完成，总体效果如图 9.2.1 所示。

 课后练习

项目9.3　手机促销宣传单

【效果展示】

手机促销宣传单效果如图 9.3.1 所示。

图 9.3.1　手机促销宣传单效果

【制作思路】

本项目制作通讯城手机促销的宣传单。使用线割设计法用"线"来分割画面，用明确的弧线把画面分割开，突出宣传单的重点。画面左上角是手机通讯城的名称，中间部分用抢眼的手机图片告知让利的具体信息，并用黄色字体醒目地标出了活动时间，下面是手机通讯城的地址，整个广告设计层次分明，信息简单清楚。

在实现手法上，首先利用画笔工具、椭圆工具、图层样式制作背景，再利用移动工具、画笔工具、图层样式等处理插入图片，最后利用文字工具、图层样式及多边形工具处理文

字及修饰画面。

【制作过程】

任务一　制作背景

（1）新建一个默认为 A4 大小，分辨率为 300 像素/英寸，颜色模式为 CMYK 的图像。

（2）新建图层，重命名图层为"丝带"。选择椭圆工具，选择填充像素，拉出一个大圆，按快捷键［Ctrl］+［T］修改成合适的大小。选择移动工具，按［Alt］键，同时拖动鼠标左键复制出一个椭圆，调节合适的位置。按［Ctrl］键，同时单击丝带图层缩览图，按快捷键［Ctrl］+［Alt］，同时单击丝带副本缩览图，用#cc8665 色填充选区。

（3）合并所有图层。双击背景图层将图层变成图层 0。按快捷键［Ctrl］+［Shift］+［I］反选，用魔棒工具减选下部选区，按［Del］键将丝带上部的白色区域删除。

（4）用魔棒工具选中丝带区域，按快捷键［Ctrl］+［C］复制，按快捷键［Ctrl］+［D］取消选区，按快捷键［Ctrl］+［V］粘贴，按快捷键［Ctrl］+［T］自由变换，将丝带旋转一个角度。选中丝带副本，用#eebda6 色填充选区。取消选区，合并所有图层。图层 0 制作完毕，效果如图 9.3.2 所示。

图 9.3.2　丝带效果

（5）新建图层 1，为图层添加"渐变叠加"样式，设置对称渐变，起始位置颜色值为#97461a，45% 渐变位置处颜色值为#492515。将图层 1 放置到图层 0 的下面。

（6）打开素材 1，如图 9.3.3 所示。选取四个手机，移动到当前文档画面的左下角得到图层 2。重命名图层为"手机 1"。适当调整手机图片的大小、位置。

（7）复制"手机 1"图层，执行"编辑|变换|垂直翻转"命令进行翻转变换，调节图层透明度，合并两个手机图层。效果如图 9.3.4 所示。

（8）新建图层，重命名图层为"花纹"。使用画笔工具，选择合适的笔刷效果在右下角制作笔刷花纹，并使用颜色叠加，叠加颜色为#af8672。调节该层透明度为 40%。效果如图 9.3.5 所示。

图 9.3.3　素材 1

图 9.3.4　嵌入手机 1

图 9.3.5　绘制花纹

任务二　制作文字

（1）用文字工具输入标题文字"新年送大"、"手机大降价"，字体为方正综艺简体，字号为60点，颜色为白色。效果参见图9.3.6。

（2）用文字工具输入"礼"字，字体为方正综艺简体，字号为80点，颜色为白色。将文字栅格化，用矩形选框工具选择"礼"字尾部。选择移动工具，按住[Alt]键，同时按鼠标左键，拖动鼠标，使"礼"字尾部向右延长到合适区域。为该图层添加"描边"样式，设置描边大小为7像素，颜色使用白色，位置为外部。为该图层添加"渐变叠加"样式，设置颜色为红色。为该图层添加"外发光"样式，设置发光模式为滤色，不透明度为75%，扩展为7%，大小为196像素。为该图层添加"内发光"样式，设置发光模式为滤色，不透明度为75%，阻塞为0%，大小为5像素。效果参见图9.3.6。

（3）使用文字工具在画面左上角输入"东珠手机通讯城"，字体为方正宋黑，大小为36点，颜色白色。效果参见图9.3.6所示。

图9.3.6　文字效果

（4）使用文字工具输入"dong zhu Mobile Communication City"，字体为Impact，字号为15.5点，颜色为白色。效果参见图9.3.6。

（5）使用文字工具输入"活动时间："，字体为方正综艺简体，为30点，颜色值为#fbf14e。效果参见图9.3.6。

（6）使用文字工具输入"2月10日—3月5日"，字体为方正综艺简体，字号为26点，颜色值为#fbf14e。效果参见图9.3.6。

（7）使用文字工具输入"更多优惠等您来"，字体为方正综艺简体，字号为30点，颜色值为#fbf14e。效果参见图9.3.6。

（8）使用文字工具输入"活动地址："，字体为方正综艺简体，字号为24点，颜色为红色。效果参见图9.3.6。

（9）使用文字工具输入"郴州市解放路＊号"、"抢购热线：0735－1234567"，字体为方正综艺简体，字号为18点，颜色为黑色。效果参见图9.3.6。

任务三　插入图片

（1）打开素材2，如图9.3.7所示。选取上面两款手机，拖入当前文档，重命名图层为"手机2"，将手机放置到合适的位置。为图层添加"外发光"样式，设置混合模式为滤色，不透明度为75%，扩展为0%，大小为250像素。为图层添加"内发光"样式，设置混合模式为滤色，不透明度为75%，阻塞为0%，大小为5像素。调节合适的位置。效果参见图9.3.1所示。

（2）选取下面四款手机，拖入当前文档，重命名图层为"手机3"，调整各个手机的摆放位置。

（3）设置前景色为红色。新建图层，重命名图层为"星形"。使用多边形工具，绘制一

个八角星形填充像素区域,按快捷键[Ctrl]+[T]调节
大小。复制该图层,调整位置及大小。效果参见图9.
3.1所示。

（4）使用文字工具输入"2560元",颜色为#ffe400,
字号为24点,字体为Arial black,调节到合适的位置。
效果参见图9.3.1所示。

（5）使用文字工具输入"168元",颜色为#ffe400,
字号为24点,字体为Arial black。效果参见图9.3.1
所示。

（6）使用文字工具输入"原价5600元",颜色为黑
色,字号为16点,字体为方正宋黑。效果如图9.3.1
所示。

（7）使用文字工具输入"原价500元",颜色为黑
色,字号为16点,字体为方正宋黑。效果如图9.3.1
所示。

图9.3.7　素材2

（8）最后,添加修饰图形。新建图层,使用画笔工具,选择合适的笔刷效果在背景上
绘制出花纹,设置该图层透明度为20%,调节到合适的位置。效果如图9.3.1所示。

项目9.4　房地产公司宣传单

【效果展示】
房地产公司宣传单效果如图9.4.1所示。

图9.4.1　房地产公司宣传单效果

【制作思路】

　　本项目制作房地产公司的宣传单,在宣传单中间的醒目位置,有房地产公司的品牌信念以及公司简介,公司的联系电话、地址等内容,起到了告知公司详情的目的。宣传单右侧的房屋图片显示公司所属行业。

　　在实现手法上,首先利用图层样式、多边形工具制作基本背景,再利用移动工具、图层样式等处理插入图片丰富背景,最后利用文字工具、图层样式处理文字及修饰画面。

【制作过程】

任务一　制作背景

　　(1)新建 A5 大小、分辨率为 300 像素/英寸、颜色模式为 CMYK 的文档,修改画布大小为 18.5 cm×12.31 cm。

　　(2)新建图层 1,选择渐变工具,渐变颜色由#100d1a 渐变到#2e4a81,径向渐变填充,合并可见图层。

　　(3)新建图层 1,用白色填充图层。使用矩形工具画出一个方框形状图层,填充颜色为#2b1311,按住[Ctrl]+[Alt]+[T]修改成合适的大小,在出现自由变换框的时候,按住[Shift]+[Alt]拖动鼠标左键复制出一个方框,调节合适的位置后,单击形状工具选项栏的"从形状区域减去"按钮。

　　(4)合并除背景以外的可见层,并给图层重命名为边框。使用矩形选框选择工具,选择中间合适大小白色区域,按[Del]键删除。效果如图 9.4.2 所示。

任务二　插入图片

　　(1)打开素材 1,如图 9.4.3 所示。将图片复制到当前文档左侧,将图片背景使用魔棒工具选中并删除,调节图片大小、位置。效果参见图 9.4.5。

图 9.4.2　相框效果

图 9.4.3　素材 1

　　(2)打开素材 2,如图 9.4.4 所示。将图片复制到当前文档的右侧,按快捷键[Ctrl]+[T]自由变换,调节图片大小、位置。将边框图层移动到此时的最上方。效果如图 9.4.5所示。

图9.4.4 素材2　　　　　　　　　　图9.4.5 插入图片

任务三　制作文字

（1）制作标题文字。用文字工具在画面中上部输入文字"树精品意识"、"创品牌效应!"，字体为方正大黑简体，字号为48点，颜色为白色，打开字符调节面板，调节字符上下间距为48点。为图层添加"投影"样式，设置不透明度为75%，距离为5像素，扩展为0%，大小为5像素。效果参见图9.4.1。

（2）用文字工具在画面左上角输入文字"天宇房地产"，字体为方正综艺简体，字号为24点，颜色值为#ef8300。为该图层添加外发光效果，设置发光模式为滤色，不透明度为100%，发光颜色为纯白色，扩展为9%，大小为7像素。效果参见图9.4.1。

（3）用文字工具在画面左下角输入"地址:郴州市＊＊＊路＊＊＊号·国庆北路＊号·＊＊＊路＊号"字样，字体为方正大黑简体，字号为9点，颜色值为#ef8300。为该图层添加外发光效果，设置发光模式为滤色，不透明度为100%，扩展为9%，大小为7像素。效果参见图9.4.1所示。

（4）使用文字工具输入"本公司集房地产开发、建筑、装饰、生产、加工为一体,系国家认证施工企业,拥有各类工程技术人员＊＊＊＊人,本着"以质量求信誉,以品质求发展"的宗旨竭诚为广大用户提供最优质的服务。"，字体为方正黑体简体，字号为9点，颜色为白色。效果参见图9.4.1。

（5）使用文字工具输入"房地产开发公司:＊＊＊＊＊＊＊"、"营销中心:＊＊＊＊＊＊＊"、"建筑装饰公司:＊＊＊＊＊＊＊"、"物业管理公司:＊＊＊＊＊＊＊"、"园林绿化分公司:＊＊＊＊＊＊＊"、"卷闸拉闸门厂:＊＊＊＊＊＊＊"、"建筑工程安装公司:＊＊＊＊＊＊"、"传真:＊＊＊＊＊＊＊"，字体为方正黑体，字号为9点，颜色白色。效果参见图9.4.1。

任务四　修饰画面

（1）新建图层,使用直线工具画一个白色直线。复制该图层,调节到合适的位置。效果如图9.4.1所示。

（2）使用文字工具输入"★"，字体为汉仪行楷简体，字号为14点，调节合适的位置，效果如图9.4.1所示。项目制作完成,最终效果如图9.4.1所示。

公益广告制作

公益广告是为促进和维护社会公众的切身利益而制作、发布的广告。

公益广告的特点是简洁、明快、视觉冲击力强并且具有极强的教育性。它以简洁、明快却不乏深意的形式悄悄影响着人们。

公益广告不仅要有个性,还要影响人们的心理、思想,以引起共鸣。这样,人们才能理解它、重视它,进而支持并宣传它。公益广告的制作,主要应考虑以下几方面因素。

(1)选择图像或图片:知道整个公益活动的全部系列,尽可能多地获得相关内容和信息。

(2)选定字体:根据宣传内容的类型和阅读人群选择适当的字体。

(3)表现方法和手段:表现方法和手段一定要有个性和特点。

(4)视觉语言:反复推敲视觉的扩张力够不够,心理震撼力够不够,有没有出彩的环节。

能力目标

◆能够掌握公益广告的制作思路、手法和技巧,能综合运用所学知识制作公益广告。

知识目标

◆理解公益广告的作用。

◆掌握公益广告的制作思路、制作手法和制作技巧。

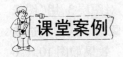

项目 10.1 希望工程宣传画

【效果展示】

希望工程宣传画效果如图 10.1.1 所示。

图 10.1.1 希望工程宣传画效果

【制作思路】

首先利用图层蒙版实现背景的干涸土地、草地及天空的制作,利用图层样式制作牵手外发光效果,再利用选取工具和形状工具及图层样式制作幼苗效果,最后利用文字工具输入文字。整幅画面都围绕希望工程主题来制作:从干涸的土地到绿地、大人牵手小孩、天空的太阳、干涸的土地中冒出的顽强的生命力,主题非常突出。

【制作过程】

任务一 制作背景

(1)新建一个大小为 500 像素 × 600 像素,分辨率为 300 像素/英寸,颜色模式为 CMYK 的文件,命名为"希望工程宣传画"。

(2)打开素材 1,如图 10.1.2 所示。将素材图片导入到新建文件。

(3)打开素材 2,如图 10.1.3 所示。将素材图片适当选取并导入到新建文件,得到图层 2,对图层 2 添加图层蒙版,以便在土地和草地之间有自然的过渡。使用"图像|调整|色彩平衡"命令调整土地的颜色为偏绿色,效果如图 10.1.4 所示。

（4）打开素材 3，如图 10.1.5 所示，导入到新建文件，得到图层 3。对图层 3，用"图像|调整|色彩平衡"命令调整天空的颜色为偏蓝色、青色，结合利用图层蒙版。这样只选取了图层 3 的太阳及邻近区域，并与草地图片的天空背景能较好地融合。效果如图 10.1.6所示。

图 10.1.2　素材 1

图 10.1.3　素材 2

图 10.1.4　土地颜色调整效果

图 10.1.5　素材 3

图 10.1.6　素材 3 处理后效果

任务二　制作牵手画面及幼苗

（1）打开素材 4，如图 10.1.7 所示，选取手并导入到新建文件，得到图层 4。对图层

4,自由变换以调整手的位置及大小、角度,并利用图层蒙版及"外发光"图层样式,效果如图 10.1.8 所示。

（2）新建图层 5,再利用选取工具和形状工具绘制幼苗,为图层 5 添加"斜面和浮雕"及"外发光"图层样式。效果如图 10.1.1 所示。

图 10.1.7　素材 4

图 10.1.8　图层 4 处理后效果

任务三　制作文字

（1）用文字工具输入文字"希望工程",设置文字大小、字体及位置。

（2）设置文字图层样式为"投影"、"斜面和浮雕"及"描边"。最终效果如图 10.1.1 所示。

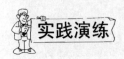
实践演练

项目 10.2　环保宣传画

【效果展示】

环保宣传画效果如图 10.2.1 所示。

【制作思路】

先利用图层样式、纤维滤镜和 Eyecandy 滤镜制作底图,再利用文字工具沿路径制作文字效果,最后利用路径面板相关功能、贴入命令制作文字背景色带。整个画面以环保为主题:动物对地球的守望,干涸的大陆板块以及优美的文字背景。

【制作过程】

任务一　制作底图

（1）打开素材 1,如图 10.2.2 所示。

（2）选取地球,复制成一个新图层并对地球图层添加"外发光"图层样式。

任务二　嵌入动物图片

（1）打开素材 2,如图 10.2.3 所示。将素材 2 移到素材 1 得到图层 3,调整图层 3 图

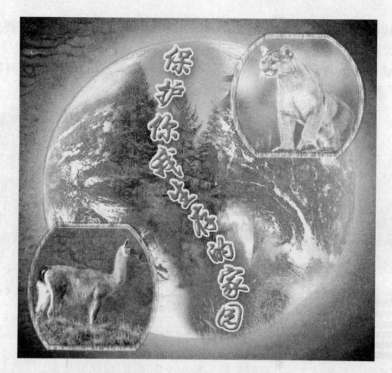

图 10.2.1　环保宣传画效果

片的位置和大小。

图 10.2.2　素材 1

图 10.2.3　素材 2

　　(2)使用"图像|调整|亮度/对比度"命令加亮图层 3。效果如图 10.2.4 所示。

　　(3)按[Ctrl]键,同时单击图层 3,使用"选择|修改|边界"命令,设置边界值为 15,按"确定"按钮。

　　(4)复制选区,得到图层 4。设置前景色为蓝色,对图层 4 使用"滤镜|渲染|纤维"命令,设置差异为 30,强度为 20。

　　(5)处理图层 4,使用"滤镜|Eyecandy|内斜角"命令,设置斜面宽度为 0.10,斜面高度为 25,平滑为 10,斜面放置为"选取框外面",外阴影为 25,其他取默认值。效果如图 10.2.5 所示。

图 10.2.4　图片加亮效果

图 10.2.5　外框处理效果

（6）打开素材 3，如图 10.2.6 所示，对其处理与素材 2 相同，效果如图 10.2.7 所示。

图 10.2.6　素材 3

图 10.2.7　素材 3 处理效果

任务三　制作文字

（1）新建路径，用钢笔工具在图片的中间由上至下绘制一条弯曲路径。

（2）使用文字工具，沿路径输入"保护你我生存的家园"。

（3）将文字图层转化为普通图层，并移动到适当的位置，设置"斜面和浮雕"、"描边"、"投影"图层样式，效果如图 10.2.8 所示。

（4）在文字图层下新建一个图层，用钢笔工具沿文字边缘轮廓绘制一条闭合路径，效果如图 10.2.8 所示。

（5）将路径转化为选区，对选区使用"选择∣修改∣扩展"命令，设置扩展值为 30。再对选区使用"选择∣修改∣羽化"命令，设置羽化值为 15。

（6）打开素材 4,如图 10.2.9 所示,将素材 4 粘贴入选区,并自由变换。最后效果如图 10.2.1 所示。

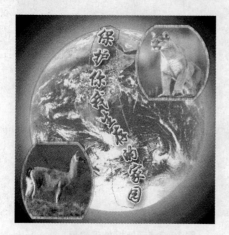

图 10.2.8 闭合路径

图 10.2.9 素材 4

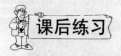

课后练习

项目 10.3 禁烟宣传画

【效果展示】

禁烟宣传画效果如图 10.3.1 所示。

图 10.3.1 禁烟宣传画效果

【制作思路】

首先利用渐变工具制作渐变背景,插入人物插画,绘制人物插画,利用形状工具、波浪滤镜、涂抹工具等制作烟、烟雾及"禁止"标志,最后用文字工具结合图层样式制作文字效果。这个画面围绕禁烟主题展开:垂死的人形烟灰表示吸烟意味着死亡,插画人物的"捂鼻子"、"皱眉头"表示吸烟污染周围环境,醒目的标题文字"请勿吸烟"点明了广告的主题。画面简洁而具有说服力。

【制作过程】

任务一 制作背景

(1)新建一个大小为 2 480 像素×3 508 像素,分辨率为 300 像素/英寸的文件,命名为"禁烟宣传画"。

(2)在背景中从中心向边缘方向拖动径向渐变,设置渐变色从白色、淡黄色到淡蓝色的渐变,渐变方式为径向渐变。

(3)打开素材1,如图 10.3.2 所示,选中并移动人物到新建文件得到图层1,适当调整人物的位置、大小,并添加图层蒙版,以隐藏下半身。

(4)新建图层2,手绘一个小女孩,同样为图层 2 添加图层蒙版。效果如图 10.3.3 所示。

图 10.3.2 素材 1

图 10.3.3 添加人物

任务二 制作禁烟标志

(1)新建图层3,使用矩形选框工具做一根香烟形状大小的矩形区域。

(2)在香烟的一端绘制一个椭圆形区域,填充红色,使香烟有燃烧的效果。

(3)新建图层4,将前景色设置为浅棕色,在香烟的另一端再绘制一个矩形区域,用前景色填充选区。使用"滤镜|杂色|添加杂色"命令,设置数量为18,分布为高斯分布,勾选"单色"选项。

(4)对选区,使用"滤镜|艺术效果|海绵"命令,设置画笔大小为4像素,清晰度为13,平滑度为12。

(5)保持选区,新建图层5。对称渐变填充选区,填充色为灰色到白色。设置图层的不透明度为30%。合并图层3、图层4和图层5,并设置"斜面和浮雕"图层样式,效果如

图 10.3.4 所示。

（6）设置前景色为红色，新建图层 4。用自定义形状工具的填充像素属性绘制禁止标志。效果如图 10.3.5 所示。

（7）设置前景色为白色，新建图层 5。用钢笔工具勾画烟雾轮廓的路径，将路径作为选区载入，以从白色到透明渐变填充，适当调整图层不透明度。综合利用涂抹工具、橡皮擦工具以及"滤镜|扭曲|波浪"命令调整烟雾形状，使其更真实。为图层 5 添加"投影"图层样式。效果如图 10.3.5 所示。

图 10.3.4　香烟效果

图 10.3.5　烟雾效果

任务三　制作烟灰

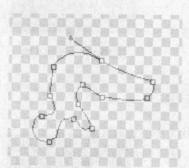

图 10.3.6　人形路径

（1）新建路径，利用钢笔工具及相关工具制作人形路径，效果如图 10.3.6 所示。将路径作为选区载入。

（2）新建图层 6，前景色为灰色。用前景色填充选区。

（3）制作图层 6 的烟灰效果。使用"滤镜|Eye-candy|摇动变形"命令，设置动作类型为"朦胧动作"，泡沫尺寸为 0.46，弯曲值为 0.20，弯曲为 16。使用"滤镜|杂色|添加杂色"命令，设置数量为 160，分布为"平均分布"，勾选"单色"选项。效果如图 10.3.1 所示。

任务四　制作文字

（1）用文字工具输入文字"请勿吸烟"，得到图层 7，调整文字大小、字体及位置。设置文字图层样式为"投影"、"斜面和浮雕"及"描边"。

（2）用文字工具输入文字"为了大家的健康"，得到图层 8，调整文字大小、字体及位置。设置文字图层样式为"投影"、"斜面和浮雕"。

（3）新建图层 9，将图层 9 移动到图层 8 下面。用矩形选框工具绘制一个与图层 8 文字大小相匹配的选框，渐变填充，并调整图层不透明度。最终效果如图 10.3.1 所示。

项目 10.4　节约用水宣传画

【效果展示】

节约用水宣传画效果如图 10.4.1 所示。

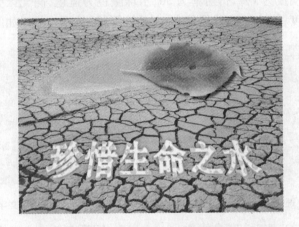

图 10.4.1　节约用水宣传画效果

【制作思路】

利用色彩平衡命令、液化滤镜处理枯叶效果，利用水珠滤镜得到文字上的水珠效果，利用轻移复制得到立体文字。整幅公益宣传画从背景、枯叶到文字，都突出了"节约用水"这个主题。

【制作过程】

任务一　制作背景

（1）打开素材 1 作为底图，如图 10.4.2 所示。

（2）打开素材 2，如图 10.4.3 所示。结合使用魔棒工具及矩形选框工具选取一片树叶，拖到底图，做自由变换，调整树叶的大小、位置。

图 10.4.2　素材 1

图 10.4.3　素材 2

（3）使用"图像|调整|色彩平衡"命令对树叶做适当调整，结合使用"图像|调整|色相/饱和度"命令、液化滤镜及其他工具，使树叶看起来更像一片枯叶。

（4）制作枯叶的投影效果，如图 10.4.4 所示。

任务二　制作文字

（1）使用文字工具，输入"珍惜生命之水"，转化为普通图层。将文字移动到适当的位置。

（2）使用"滤镜|Eyecandy|水珠效果"命令，设置水滴大小为 18 像素，覆盖为 50%，边缘暗度为 62，不透明度为 1%，折射率为 50，水珠颜色为蓝色，高光区亮度为 100，方向为122 度，倾角为 50 度，勾选"圆滴"形状和"无痕迹平铺"选项。效果如图 10.4.5 所示。

图 10.4.4　处理成枯叶效果

图 10.4.5　文字加水珠后效果

（3）设置前景色为"绿色"，给文字加一个绿色边框，且宽度为 2 像素，位置为居中。使用透视命令将文字变形为近大远小。效果如图 10.4.6 所示。

（4）单击移动工具，按住[Alt]键的同时按方向键[↑]5 次，得到文字的立体效果，如图 10.4.7 所示。

图 10.4.6　水珠滤镜效果

图 10.4.7　文字复制轻移

（5）使用投影效果，在文字白色和绿色之间加上黑色投影。最终效果如图 10.4.1 所示。

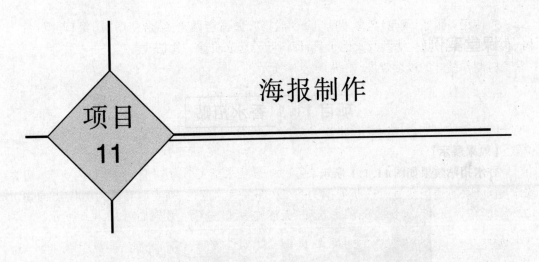

海报制作

项目 11

海报,又名"招贴"或"宣传画",是广告艺术中的一种大众文化载体。海报遍布于街道、影剧院、展览会、商业闹区、车站等公共场所。

海报具有尺寸大、远视性强、艺术性高的特点,是最能张扬个性的一种设计艺术形式,在宣传媒介中占有重要的地位,其艺术性服务于商业目的。

本项目通过若干个小项目的制作,介绍海报的制作方法和技巧。

能力目标

◆能掌握海报的制作思路、手法和技巧,能综合运用所学知识制作海报。

知识目标

◆理解海报的作用。
◆掌握海报的制作思路、制作手法和制作技巧。

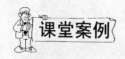

课堂案例

项目 11.1　香水招贴

【效果展示】

香水招贴效果如图 11.1.1 所示。

图 11.1.1　香水招贴效果

【制作思路】

　　本项目制作香水招贴。为了突出招贴主题,标题字"Georgiana"处理成了醒目高贵的彩石字。具有时尚造型的香水瓶、体态高雅的女郎,在紫色、黑色背景的衬托下,显得愈加高贵。整个招贴色彩和谐,尽显 Georgiana 香水的高雅脱俗品质。在实现手法上,首先利用钢笔工具勾勒出女郎轮廓,用渐变工具处理背景,再利用移动工具、透视命令及图层样式等处理插入图片及倒影,最后利用图层样式、彩石滤镜处理文字。

【制作过程】

任务一　制作背景

　　(1)打开素材 1,如图 11.1.2 所示。

　　(2)切换到通道面板,复制绿通道。对新得到的通道重命名为"女郎",执行"图像|调整|亮度/对比度"命令,设置对比度为 100,亮度适当降低。结合使用橡皮擦工具和快速蒙版模式将女郎通道做出来。效果如图 11.1.3 所示。

　　(3)点选 RGB 通道,按[Ctrl]键,同时单击女郎通道,回到图层面板,按快捷键[Ctrl]

+［C］复制女郎,再按快捷键［Ctrl］+［V］粘贴女郎,得到图层 1。

图 11.1.2 素材 1

图 11.1.3 女郎通道

(4)对图层 1 添加"外发光"图层样式,设置不透明度为 30%,大小为 18 像素,其余取默认值。对图层 1 中的女郎再适当调整大小、位置。

(5)处理背景图层。执行"图像|画布大小"命令更改画布大小,设置高度为 33,其余取默认值。前景色为浅粉红色,背景色为黑色,利用渐变工具从画布的右上角到左下角线性渐变。此时效果如图 11.1.4 所示。

任务二 插入香水瓶

(1)打开素材 2,如图 11.1.5 所示。将香水瓶选中,拖到当前文件背景图上得到图层 2,适当调整香水瓶大小。

图 11.1.4 背景处理

图 11.1.5 素材 2

(2)复制图层 2,对图层 2 副本中的香水瓶适当调整大小、位置。将两个香水瓶图层选中,按［Ctrl］+［E］快捷键将图层合并。为合并图层添加"外发光"图层样式,设置不透明度为 30%，大小为 18 像素，其余取默认值。

（3）对合并图层复制，并重命名复制图层为"倒影"。

（4）对倒影图层，执行"编辑|变换|垂直翻转"命令，向下移动到香水瓶下，将倒影图层不透明度改为 35%，再执行"编辑|变换|透视"命令，将倒影瓶子适当倾斜。最后，为倒影图层添加图层蒙版，对蒙版由下向上以从黑色到白色线性渐变。效果如图 11.1.6 所示。

任务三　制作文字

（1）用文字工具输入"Georgiana"，设置文字大小、字体，删格化文字图层，执行"滤镜|Eyecandy|彩石"命令，设置影像图为"砖墙"，斜面宽度为 0.3，斜面高度为 60，平滑为 60，波纹厚度为 10，波纹高度为 1.99，勾选"里面"选项，其余取默认值。为标题再添加"投影"图层样式。此时效果如图 11.1.7 所示。

图 11.1.6　处理香水瓶

图 11.1.7　标题处理

（2）用文字工具输入"女士接触香水"，添加"投影"图层样式。

（3）用文字工具输入"来自巴黎""来自法兰西"，添加"投影"图层样式。

（4）新建图层，在香水瓶高光处及标题高光处，用画笔工具点若干闪光点。最后效果如图 11.1.1 所示。

实践演练

项目 11.2　演奏会海报

【效果展示】

演奏会海报效果如图 11.2.1 所示。

【制作思路】

本项目制作演奏会海报。为了突出演奏会主题，将标题字"梁祝"处理成了醒目的镜头字，在青山绿水间飞舞的蝴蝶代表化蝶后梁祝对幸福的向往，二胡表征了此次演奏的乐器。在实现手法上，首先利用色彩平衡命令处理出色调平衡的背景，再利用文字工具、图

图 11.2.1　演奏会海报效果

层样式和镜头光晕滤镜处理标题并插入图片及倒影,最后利用图层样式处理正文文字。

【制作过程】

任务一　制作底图

(1)打开素材 1,如图 11.2.2 所示。素材 1 作为本海报的底图。

(2)打开素材 2,如图 11.2.3 所示,选取素材 2 的上半部分,将其移动到底图,得到图层 2。

图 11.2.2　素材 1

图 11.2.3　素材 2

(3)对图层 2,自由变换使之匹配底图大小。执行"图像|调整|色彩平衡"命令,使其色彩向绿色、蓝色靠近。此时效果如图 11.2.4 所示。

(4)打开素材 3,如图 11.2.5 所示,选取素材 3 的二胡,将其移动到底图,得到图层 3。

图 11.2.4　素材 1 和素材 2 融合

图 11.2.5　素材 3

对图层 3 做适当调整并移到底图的左上角。

任务二　制作标题及倒影

（1）用文字工具输入文字"梁祝"，设置为粗大的字体，颜色为"蓝色"。为文字添加"斜面和浮雕"图层样式，设置样式为外斜面，大小为 5 像素，软化为 0，阴影角度为 135，其余取默认值。执行"滤镜 | 渲染 | 镜头光晕"命令，设置亮度为 50%，镜头类型为 50～300 mm 变焦，将镜头对准"祝"字的左边。再次执行"滤镜 | 渲染 | 镜头光晕"命令，设置亮度为 30%，镜头类型为 50～300 mm 变焦，将镜头对准"梁"字的左边。

（2）用文字工具输入文字"The Butterfly Lovers"，颜色为白色，对文字变形，在"变形文字"对话框中，设置样式为"扇形"，点选"水平"，设置弯曲为 7%。为文字添加"斜面和浮雕"图层样式，设置样式为浮雕效果，其余取默认值。

（3）打开素材 4 和素材 5，分别如图 11.2.6 和图 11.2.7 所示，选取两素材的蝴蝶，将其移动到底图，并做自由变换及色彩平衡调整，合并两个蝴蝶图层，添加"外发光"图层样式。此时效果如图 11.2.8 所示。

图 11.2.6　素材 4

图 11.2.7　素材 5

（4）将两个文字图层及蝴蝶图层分别复制，将得到的三个副本图层合并，对合并图层重命名为"倒影"。

（5）对倒影图层，执行"编辑 | 变换 | 垂直翻转"命令，向下适当移动到水中。执行"滤镜 | 扭曲 | 波纹"，设置数量为 186，大小为"中"。降低图层不透明度为 60%，为图层添加图层蒙版。此时效果如图 11.2.9 所示。

图 11.2.8　标题制作

图 11.2.9　倒影制作

任务三　制作小文字

（1）用文字工具输入"二胡演奏会"，设置文字字体、字号。

（2）用文字工具输入"演出：女子十二乐坊"、"地点：苏仙影剧院"、"时间：5月8日—5月10日"，设置好文字的字体、字号、颜色。

（3）为两个文字图层设置"外发光"图层样式，最终效果如图11.2.1所示。

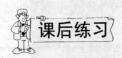
课后练习

项目 11.3　音乐剧演出海报

【效果展示】

音乐剧演出海报效果如图11.3.1所示。

图11.3.1　音乐剧演出海报效果

【制作思路】

本项目制作儿童音乐剧海报，为了迎合儿童的视觉需要，标题处理成了醒目的糖果字，整个背景及插画进一步吸引了儿童的注意：神秘的古堡、像天使般纯洁的小女孩。制作时，首先利用KPT滤镜处理出暖色调的背景，再利用羽化选区使小女孩图像能很好地融入背景，最后利用玻璃滤镜和杂色纹理滤镜得到糖果文字效果。

【制作过程】

任务一　制作背景

（1）打开素材1，如图11.3.2所示。本项目以素材1作为底图。

（2）复制背景图层得到背景副本。对背景副本，执行"编辑|变换|水平翻转"命令；为了加亮背景副本，再执行"滤镜|KPT effect|KPT gradient lab"命令，在对话框中设置gradient style为elliptical，gradient blending为procedural，调整好渐变色，其余选默认值。效果

如图 11.3.3 所示。

图 11.3.2   素材 1

图 11.3.3   KPT 滤镜处理效果

任务二   插入女孩图像

（1）打开素材 2，如图 11.3.4 所示，将素材 2 拖动到当前文档素材 1 上。

（2）用椭圆选取工具框选女孩头部区域，执行"选择|修改|羽化"，设置羽化值为 40。执行"选择|反选"命令，选择椭圆区域以外的区域。

（3）按下[Del]键，清除椭圆区域以外的区域。可根据实际情况多按几次[Del]键，使女孩图像更好地融于背景。

（4）对女孩图像自由变换，适当更改大小、位置。最终效果如图 11.3.5 所示。

图 11.3.4   素材 2

图 11.3.5   嵌入女孩图像

任务三   制作标题文字

（1）将前景色设置为粉色。使用文字工具输入"四个跳舞的公主"，适当调整文字的字体、字号。

（2）对文字图层，执行"滤镜|Eyecandy|杂色纹理"命令，设置色彩变化为 87，饱和度变化为 45，亮度变化为 60，不透明度变化为 15，块宽度为 0.73，块高度为 0.73，图案为平滑块，勾选"无痕迹平铺"选项。

（3）对文字图层，执行"滤镜|Eyecandy|玻璃效果"命令，设置斜面宽度为 0.40，平滑为 75，斜面放置为"选取框里面"，边缘暗淡为 1，倾斜度阴影为 16，折射为 13，不透明度为 50%，色彩调和为 65，玻璃颜色为白色，其余选默认值。

（4）对文字图层，执行"编辑|变换|透视"命令，使文字产生左大右小的透视效果。

（5）对文字图层添加"投影"图层样式。此时效果如图 11.3.6 所示。

任务四　制作其他文字

（1）用文字工具在背景的左下角输入三行文字"演出单位：少儿艺术团"、"演出地点：苏仙影剧院"、"演出时间：2010 年 6 月 1 日～2010 年 6 月 8 日"，设置文字字号、颜色、字体等。

（2）为了突出文字，在文字图层下新建一个图层。选择矩形工具，点选填充像素，在文字下画出三个矩形。选中三个矩形，填充为"渐变色"，并调整图层的不透明度为 70%。

（3）为该文字图层添加"投影"图层样式。效果如图 11.3.7 所示。

图 11.3.6　标题制作

图 11.3.7　正文效果

（4）新建一个图层，用多边形工具绘制一个十二角黄色星形。自由变换到适当位置、大小，效果如图 11.3.1 所示。

（5）用文字工具输入白色文字"音乐剧"。自由变换，并为图层添加"描边"图层样式，描边颜色为黑色。最后效果如图 11.3.1 所示。

项目 11.4　李宁特卖招贴

【效果展示】

李宁特卖招贴效果如图 11.4.1 所示。

【制作思路】

本项目制作特卖招贴。为了突出国庆的喜庆氛围，为整个招贴添加活力，将背景处理成红色，并在背景的上半部分点缀一些烟花效果。醒目的标题以及李宁商标说明本招贴是李宁特卖会。整个招贴简单明快，突出了在国庆之际为顾客送去温暖周到的服务意识。在制作实现方法上，首先利用文字工具、图层样式制作突显的文字，再利用形状工具制作星形图案，最后用画笔工具处理出具有浓烈节日氛围的背景。

【制作过程】

任务一　制作文字

（1）新建一个 500 像素×660 像素的文件。将背景图层填充为红色。

（2）使用文字工具输入"迎国庆"、"大型特卖会"，字体为文鼎中特广告体，颜色为黄色。为文字图层添加"描边"图层样式，描边颜色为黑红色，大小为 3 像素。再为文字添加"外发光"图层样式，设置扩展为 16%，大小为 16 像素。

图 11.4.1　李宁特卖招贴效果

图 11.4.2　文字制作

（3）用文字工具输入"夏装全场"、"秋装全场"，字体为方正平和，颜色为白色。为文字图层添加"描边"图层样式，描边颜色为黑色，大小为 2 像素。

（4）用文字工具输入数字"3"、"5"，字体为 Hobo Std，颜色为白色。为文字图层添加"描边"图层样式，描边颜色为黑色，大小为 2 像素。

（5）在数字"3"后，用文字工具输入"折起"，字体为方正平和，颜色为黑红色。将该文字图层复制一个图层，将复制图层文字拖到数字"5"后面。

（6）在画面下面，用文字工具输入"活动时间：9 月 30 日—10 月 9 日"，字体为宋体，颜色为白色。为文字添加"投影"图层样式，距离为 5 像素，大小为 5 像素，其余取默认值。此时效果如图 11.4.2 所示。

任务二　插入图形

（1）打开素材 1，如图 11.4.3 所示。选择李宁商标图形，移动到当前文档右上角，自由变换。为图层添加"投影"图层样式。

（2）用文字工具输入文字"一切皆有可能"，字体为方正综艺，颜色为白色。为图层添加"投影"图层样式。此时效果如图 11.4.4 所示。

（3）在背景图层上新建一个图层，用形状工具绘制十二角星形图案，自由变换，放置到数字"3"下。

图 11.4.3　素材 1

（4）复制星形图案，放置到数字"5"下。效果如图 11.4.5 所示。

图 11.4.4　插入商标

图 11.4.5　制作星形

任务三　修饰背景

（1）在背景图层上新建一个图层。

（2）使用画笔工具结合喷枪选项，设置笔尖形状，在画布的上半部分围绕文字绘制一些星状修饰图形。最终效果如图 11.4.1 所示。

项目
12

卡片制作

卡片,也是传播信息的载体,是增进情感交流的一种方式。卡片的种类繁多,有贺卡、生日卡、祝福卡、上网卡、邀请卡等。其中的商用卡片,流通于各企业中,既能起到礼节方面的作用,又能推广企业形象,是一种高收益、低成本的宣传方式。

卡片具有尺寸小、携带方便、制作成本低的特点。本项目以四个小项目的制作,介绍卡片的制作方法和技巧。

能力目标

◆能掌握卡片的制作思路、手法和技巧,能综合运用所学知识制作卡片。

知识目标

◆了解卡片的分类、作用。

◆掌握卡片的制作思路、制作手法和制作技巧。

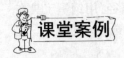课堂案例

项目 12.1　生日贺卡

【效果展示】

生日贺卡效果如图 12.1.1 所示。

图 12.1.1　生日贺卡效果

【制作思路】

本项目制作生日贺卡。整张生日贺卡色彩和谐,时尚典雅,充满着喜庆氛围。在实现手法上,首先利用渐变工具、钢笔工具及滤镜制作背景,再利用移动工具、画笔工具、图层样式等处理插入图片及倒影,最后利用文字工具、图层样式及画笔工具处理文字及修饰画面。

【制作过程】

任务一　制作背景

(1)新建一个大小为 14 cm×15.55 cm,分辨率为 300 像素/英寸的图像,将背景层填充为白色。

(2)新建图层 1,用暗红色到黑色径向渐变填充。执行"滤镜|纹理|纹理化"命令,设

置纹理为画布,缩放为73%,其余取默认值。切换到路径面板,新建路径,用钢笔工具在画布的上面勾画一条曲线闭合路径,将路径转化为选区,删除图层1在选区内的填充。此时效果如图12.1.2所示。

任务二　插入图片

(1)打开素材1,如图12.1.3所示。将蛋糕选中,拖到当前文件上得到图层2,适当调整蛋糕大小、位置。对图层2设置"外发光"图层样式,设置不透明度为50%,扩展为0%,大小为2像素,其余选默认值。效果如图12.1.4所示。

(2)新建一个图层3,用形状工具绘制心形,白色,自由变换更改大小、位置,设置"外发光"图层样式,且扩展为0%,大小为16像素,其余取默认值,设置图层不透明度为65%。

图12.1.2　背景效果

图12.1.3　素材1

(3)复制图层3,得到图层3副本,自由变换。将图层3与图层3副本合并,并将图层拖放到图层2下面。

(4)新建一个图层4,用画笔工具及喷枪选项,设置画笔笔尖形状为星光状,围绕蛋糕点缀一些星光。此时贺卡效果如图12.1.4所示。

(5)打开素材2,如图12.1.5所示。将花束选中,拖到当前文件背景图上得到图层5,适当调整花束大小、位置。

图12.1.4　蛋糕处理效果

图12.1.5　素材2

(6)制作花束的倒影。对图层5复制得到图层5副本,执行"编辑|变换|垂直翻转",向下移动花束,设置图层不透明度为60%。添加图层蒙版,对蒙版由上到下以从白色到黑色线性渐变。效果如图12.1.6所示。

任务三　添加文字

(1)用文字工具输入"生日快乐",设置文字字体、字号。

(2)切换到路径面板,新建路径,用钢笔工具从文字"乐"的左下角开始绘制一条路径,设置画笔大小,颜色为白色。切换到图层面板,新建图层6。切换到路径面板,选择"模拟压力"选项,画笔描边路径。将图层6拖移到"生日快乐"文字图层下面,合并文字图层和图层6。为合并图层添加"投影"及"斜面和浮雕"图层样式。

(3)用文字工具输入"Happy Birthday",字体为 Brush Script Std,字号为 80 点,颜色为白色,添加"投影"及"斜面和浮雕"图层样式。此时效果如图 12.1.7 所示。

图 12.1.6　处理花束

图 12.1.7　"生日快乐"文字处理

(4)用文字工具在画布顶上输入"祝福永远",颜色为黄色,添加"描边"及"斜面和浮雕"图层样式,描暗红色边。

(5)新建图层,在文字"祝福永远"下面使用画笔工具绘制花边。效果如图 12.1.8 所示。

(6)用文字工具输入"To James:在充满欢乐、温馨的季节里,弥漫着所有的愉快和思念,是否你也情不自禁地想起我……",颜色为黄色,字体为文鼎中特广告体,字号为 26 点。此时效果如图 12.1.9 所示。

图 12.1.8　"祝福永远"效果

图 12.1.9　"To James"文字效果

（7）新建图层，在画布的左下角用画笔工具制作花边，并调整图层的不透明度。最终效果如图 12.1.1 所示。

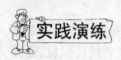
实践演练

项目 12.2 专卖店会员卡

【效果展示】

专卖店会员卡效果如图 12.2.1 所示。

图 12.2.1 专卖店会员卡效果

【制作思路】

本项目制作品牌会员卡，在卡片的正面，有品牌的商标及品牌信念；在卡片的反面，为了说明持卡会员的特权，通常有详细的文字说明及卡片的序列号等信息。本项目制作佐丹奴会员卡。在实现手法上，首先利用填充命令及渐变填充工具制作卡片正面背景，再利用文字工具制作卡片的正面文字，最后利用文字工具、形状工具制作卡片的反面。整张卡片基本是灰白色调，这体现了佐丹奴服装的主色调，但卡片正面的一条彩带，也说明其服装色彩的广泛。

【制作过程】

任务一 制作卡片正面背景

（1）新建一个 9.3 cm × 5.6 cm，分辨率为 300 像素/英寸的文件，将背景图层填充 75% 灰色。

（2）新建一个图层，用矩形选框工具选取图像中间，选择渐变工具，设置好渐变色，并用渐变色填充选区，此时效果如图 12.2.2 所示。

任务二 制作正面文字

（1）用文字工具在背景彩条上输入文字"WWS Card"，字体为 Franklin Gothic Medium，字号为 72 点，颜色为白色。

（2）用文字工具在上半部分输入文字"GIORDANO"，字体为 Small Font，字号为 30 点，颜色为 15% 灰色；再输入文字"佐丹奴"，字体为方正华隶，字号为 24 点，颜色为 15% 灰色。

（3）用文字工具在下半部分输入文字"World without strangers"，字体为文鼎中特广告体，字号为 21 点，颜色为 15% 灰色；再输入文字"没有陌生人的世界"，字体为宋体，字号为 12 点，颜色为 15% 灰色，适当调整文字的间距。

（4）新建图层，使用画笔工具，在文字"World without strangers"下面画一条直线，此时效果如图 12.2.3 所示。

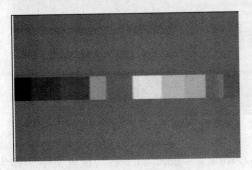

图 12.2.2　正面背景

图 12.2.3　正面效果

任务三　制作反面背景

（1）执行"图像|画布大小"命令，设置画布宽度为 18.9 cm，定位为左边。

（2）选中背景图层，框选画面右边的 500 像素宽度用 75% 灰色填充，中间 20 像素宽度用白色填充。

（3）新建图层，设置前景色为 15% 灰色，用矩形工具绘制矩形。

（4）新建图层，设置前景色为白色，用矩形工具绘制矩形。

（5）新建图层，设置前景色为黑色，用矩形选框工具绘制一个在白色矩形内的矩形选框，用直线工具绘制条码。此时效果如图 12.2.4 所示。

任务四　制作反面文字

（1）用文字工具在灰色矩形框上面输入"签名 Signature："，设置文字字体为宋体，字号为 12 点，颜色为 15% 灰色。

（2）用文字工具在条码下面输入"CNG0813025"，设置文字字体为 Arial black，字号为 12 点，颜色为 15% 灰色。

（3）用文字工具在反面中间输入"＊会员凭此卡购买任何佐丹奴正价货品可享受特别折扣优惠。＊此卡不能转让，并须于付款前出示，方为有效。＊此会员卡优惠不可与其他优惠同时使用。＊此卡由申请当日起，两年有效。＊佐丹奴保留更改会员卡之使用条款及细则，而无须另行通知。＊佐丹奴保留任何争议之最终决定权。"设置文字字体为宋体，字号为 10 点，颜色为 15% 灰色，适当调整文字的行距及字符间距。

（4）用文字工具在反面中间输入"Cardholders are entitled to special discounts on regular-priced Giordano merchandise. This card is non-transferable and must be presented before every purchase. This card is valid for 2 years. Giordano reserves the right to amend the terms and conditions of usage without prior notice. In case of dispute, the decision of Giordano will be final."，设置文字字体为 Times New Roman，字号为 10 点，颜色为 15% 灰色。效果如图

12.2.5 所示。

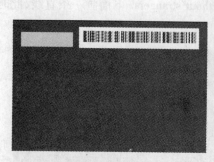

图 12.2.4　反面背景　　　　　　　　图 12.2.5　反面文字

（5）用文字工具在反面左下侧输入"http://www.e-giordano.com"，设置文字字体为 Verdana，字号为 9 点，颜色为 15% 灰色，调整文字的字符间距。

（6）用文字工具在反面右下侧输入"GIORDANO"，设置文字字体为 Verdana，字号为 10 点，颜色为 15% 灰色，适当调整文字的字符间距。

（7）用文字工具在反面右下侧输入"佐丹奴"，设置文字字体为宋体，字号为 10 点，颜色为 15% 灰色，适当调整文字的字符间距。最终效果如图 12.2.1 所示。

课后练习

项目 12.3　蛋糕店代金卡

【效果展示】

蛋糕店代金卡如图 12.3.1 所示。

图 12.3.1　蛋糕店代金卡效果

【制作思路】

本项目制作蛋糕店代金卡。代金卡除了具有代金作用之外，也包含了商家的信息，它其实就是一张小小的、携带方便的广告。代金卡的正面有店名、卡片的面值金额、有效日期及卡号，卡片的背面有卡片的使用说明及商家的相关信息。本项目的制作，通过插入漂亮蛋糕图片及三个吃得津津有味的小朋友，说明该商店做的蛋糕不仅外形好看，而且口味很好,让人垂涎欲滴。首先利用渐变工具处理背景颜色,再利用图层样式,羽化选区处理插入图片,最后利用文字工具制作文字。整个卡片色彩和谐,设计美观,简单大方,具有很强的实用性。

【制作过程】

任务一　制作正面背景

(1)新建一个 9 cm×5 cm,分辨率为 300 像素/英寸的文件。

(2)设置前景色:R 为 220,G 为 200,B 为 38。设置背景色:R 为 147,G 为 40,B 为 144。用渐变工具径向渐变填充背景图层。

任务二　插入图片

(1)打开素材 1,如图 12.3.2 所示,选中蛋糕拖动到当前文件得到图层 1,自由变换,水平翻转,添加"外发光"图层样式,设置大小为 18 像素,其余取默认值。

(2)打开素材 2,如图 12.3.3 所示,选中中间的三个小孩拖动到当前文件得到图层 2,自由变换,添加"外发光"图层样式,设置不透明度为 17%,大小为 8 像素,其余取默认值。

图 12.3.2　素材 1

图 12.3.3　素材 2

(3)打开素材 3,如图 12.3.4 所示,将图片拖动到当前文件右侧得到图层 3,用椭圆选取工具框选硬币,执行"选择|修改|羽化"命令,设置羽化值为 20。按[Ctrl] + [Shift] + [I]组合键反选,按[Del]键清除 2~3 次,取消选区,自由变换到合适大小。

(4)新建图层 4,设置前景色为白色,用矩形工具在画面的下部绘制矩形。此时效果如图 12.3.5 所示。

图 12.3.4　素材 3

图 12.3.5　正面

任务三　制作正面文字

(1)执行"视图|显示|网格"命令。用文字工具在背景中间顶部输入文字"圣安娜",字体为方正胖娃,字号为 32 点,颜色为白色,为文字添加下画线。

（2）用文字工具在文字"圣安娜"后面输入文字"蛋糕屋"，字体为方正少儿，字号为20点，颜色为白色。

（3）用文字工具在画面中部输入文字"50"、"RMB"，字体分别为方正超粗黑和 Impact，字号分别为 60 点和 17 点，颜色分别为绿色和白色。添加"投影"图层样式，取默认值。

（4）用文字工具在画面左下部输入文字"有效期至："，字体为方正超粗黑，字号为 12点，颜色为黑色。

（5）用文字工具在画面右下部输入文字"NO. 102066"，字体为方正超粗黑，字号为 14点，颜色为白色。添加"斜面和浮雕"图层样式，设置样式为内斜面，方法为雕刻清晰，深度为 195%，大小为 2 像素，软化为 0 像素，其余取默认值。正面制作完成。

任务四　制作反面背景

（1）执行"图像|画布大小"，设置画布宽度为 19 cm，定位为左边。

（2）选中背景图层，框选画面右边的 450 像素宽度。设置前景色：R 为 220，G 为 200，B 为 38。设置背景色：R 为 147，G 为 40，B 为 144。用渐变工具径向渐变填充选区。

（3）复制图层 3 得到图层 3 副本，将金币拖移到反面的右侧。此时反面效果如图12.3.6所示。

任务五　制作反面文字

（1）用文字工具在灰色矩形框上部输入"一次品味"、"一生回味"，设置文字字体为文鼎中特广告体，字号为 38 点，颜色为绿色。添加"描边"图层样式，设置大小为 2 像素，颜色为白色。添加"投影"图层样式，取默认值。

（2）用文字工具在反面中间输入"1. 此卡为代金券，仅在本蛋糕屋消费本卡面值金额，不兑换现金。2. 此卡为一次性消费，消费超出部分现金付账。3. 请妥善保存本卡，本卡不记名不挂失，过期无效。4. 使用本卡须遵守本蛋糕屋的相关规定。5. 本蛋糕屋拥有本卡最终解释权及终止权。"，设置文字的字体为方正大黑，字号为 12 点，颜色为白色，适当调整文字的行距及字符间距。效果如图 12.3.7 所示。

图 12.3.6　反面背景

图 12.3.7　反面文字

（3）用文字工具在反面下部输入"地址：郴州市国庆北路 23 - 25 号圣安娜蛋糕屋"、"电话：2234566"，设置文字的字体为方正黑体，字号为 17 点，颜色为绿色，调整文字的字符间距。最终效果如图 12.3.1 所示。

项目 12.4　个人名片

【效果展示】

发型师名片效果如图 12.4.1 所示。

图 12.4.1　发型师名片效果

【制作思路】

名片设计基本要求应强调"简"、"功"、"易",也就是:名片传递的主要信息要简明清楚,构图完整明确;注意质量、功效,尽可能使传递的信息明确;便于记忆,易于识别。

本项目制作发型师名片。背景中添加圆点使画面颇具时尚感,名片中女郎的发型大方、时尚,体现了发型师的创意及手法。画面右上角是阳光名发轩的 LOGO,中间是发型师的信息,下面是阳光名发轩的信息。整个名片设计层次分明,信息简单清楚,设计独特,让人过目不忘。

在制作实现方法上,利用渐变工具、加深工具及图层样式、椭圆选框工具处理背景,利用钢笔工具、路径面板处理 LOGO,利用文字工具制作文字。

【制作过程】

任务一　制作背景

(1)新建一个 5 cm × 9 cm,分辨率为 300 像素/英寸的文件。将背景图层填充为白色。

(2)新建图层 1,设置前景色为淡黄色,背景色为浅蓝色,前景色到背景色线性渐变填充图层 1。用加深工具将图层 1 的周边颜色加深。设置图层不透明度为 60%。

(3)新建图层 2,用椭圆选框工具在画面的右上角绘制大小不一的圆形选框,分别填充白色和淡黄色。设置图层不透明度为40%。

(4)新建图层3,用椭圆选框工具在画面的右上角绘制大小不一的圆形选框,分别填充白色和淡黄色。设置图层不透明度为40%。

(5)新建图层4,用椭圆选框工具在画面的右上角绘制大小不一的圆形选框,分别填充白色和淡黄色。设置图层不透明度为40%。效果如图12.4.2所示。

图12.4.2　背景

任务二　插入图形

(1)打开素材1,如图12.4.3所示。选取人物图形,移动到当前文档左上角,自由变换。重命名该图层为"人物"。

图12.4.3　素材1

(2)复制人物图层,按[Ctrl]键,同时单击人物副本图层图标,执行"选择|修改|羽化"命令,设置羽化值为2,用白色填充。设置图层不透明度为75%。

(3)复制人物副本图层,按[Ctrl]键,同时单击人物副本2图层图标,用灰色填充。设置图层不透明度为50%。

(4)调整3个人物图层顺序:将人物图层放在最上面,人物副本2图层放在最下面,轻移各图层位置。此时效果如图12.4.4所示。

(5)新建图层,重命名为"LOGO"。切换到路径面板,新建路径,用钢笔工具勾勒一个头型,效果如图12.4.4所示。单击"填充路径"按钮,用红色填充路径。

(6)用文字工具输入文字"YANGGUANG",字体为Poplar Std,颜色为黑色,字号为6点。此时效果如图12.4.5所示。

图12.4.4　LOGO路径

图12.4.5　LOGO制作

任务三 制作文字

（1）用文字工具在画面的中部输入文字"创意总监"，字体为文鼎中特广告体，字号为 10 点，颜色为黑色。

（2）用文字工具在画面的中部输入文字"李建华"，字体为隶书，字号为 17 点，颜色为黑色。

（3）用文字工具在画面的中部输入文字"手机：15345675566"，字体为文鼎中特广告体，字号为 8 点，颜色为黑色。

（4）用文字工具在画面的中下部输入文字"阳光"、"名发轩"，字体分别为方正行楷和文鼎中特广告体，字号分别为 12 点和 8 点，颜色为黑色。

（5）将文字图层"创意总监"、"手机"、"阳光"三个图层文字左对齐：选中三个图层，点选移动工具，点选选项栏的"左对齐"按钮。

（6）用文字工具在画面的下部输入文字"电话：0735 – 7783666""E-mail：czlch@ 163. com"、"地址：郴州市国庆南路 456 号"，字体为华文中宋，字号为 6 点，颜色为白色。

（7）新建图层，选择画笔工具，设置画笔形状及颜色，在画面中下部绘制一条花边。最终效果如图 12.4.1 所示。

項目
13

POP 广告制作

POP 广告是英文 Point of Purchase Advertising 的缩写,意为"购买点广告"。在超市里,当顾客犹豫不决地浏览商品时,POP 广告能恰当地说明商品内容、特征、优点、实惠性,甚至价格、产地、等级等,使顾客很快地经历瞩目、明白、心动的心理历程而决定购买商品。

POP 广告往往根据它摆放的位置和时间长短不同来确定制作材料及广告内涵。

POP 广告具有很高的经济价值,而且成本不高,因此它对于任何经营形式的商业场所,都有招揽顾客、促销商品的作用,还能起到提高商品形象和企业知名度的作用。本项目通过四个小项目的制作,介绍 POP 广告的制作方法和技巧。

能力目标

◆能掌握 POP 广告的制作思路、手法和技巧,能综合运用所学知识制作 POP 广告。

知识目标

◆了解 POP 广告的分类、作用。
◆掌握 POP 广告的制作思路、制作手法和制作技巧。

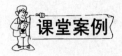
课堂案例

项目 13.1　商场让利吊挂 POP 广告

【效果展示】

商场吊挂 POP 广告效果如图 13.1.1 所示。

效果 1

效果 2

图 13.1.1　商场吊挂 POP 广告效果

【制作思路】

在商场里,吊挂 POP 广告是各类 POP 广告中用量最大、使用率最高的一种 POP 广告。

本项目制作果惠超市中秋节让利吊挂 POP 广告。因为是节日,本项目的广告采用暖色调。两张 POP 用抢眼的大标题文字突出此次商场活动的让利主题,次标题"明月寄相思　果惠送真情"跟背景中的圆月、月饼及抚琴女子和谐地互衬出中秋节日氛围。

在实现手法上,首先利用渐变工具、画笔工具及图层样式制作背景,再利用移动工具、画笔工具、图层样式等处理插入图片,最后利用文字工具、图层样式及画笔工具处理文字及修饰画面。

【制作过程】

任务一　制作背景

（1）新建一个大小为 700 像素×320 像素,分辨率为 120 像素/英寸的图像,将背景层填充为白色。

（2）新建图层 1,设置前景色:R 为 200,G 为 82,B 为 73。设置背景色:R 为 250,G 为 246,B 为 134。前景色到背景色线性渐变填充。

（3）新建图层并重命名为"月亮",用椭圆选框工具绘制一个圆形选区,用黄色填充选区。为图层添加"外发光"图层样式,设置外发光颜色为黄色,扩展为 5%,大小为 54 像素。

（4）新建图层并重命名为"云彩",设置画笔笔尖形状为云朵,用画笔工具绘制一朵云彩,并设置图层不透明度为 80%。

（5）新建图层并重命名为"星",设置画笔笔尖形状为星星及星光,用画笔工具结合喷枪选项在画面上部绘制一些星光,此时效果如图 13.1.2 所示。

任务二　插入图片

（1）打开素材 1,如图 13.1.3 所示。将女子粗略选中,拖到当前文件背景图上并重命名该图层为"抚琴",适当调整图片大小、位置。用硬度比较低的橡皮擦将多余图像擦除。

图 13.1.2　背景效果

图 13.1.3　素材 1

（2）打开素材 2,如图 13.1.4 所示。将月饼选中,拖入当前文件中并重命名该图层为"月饼",适当调整图片大小、位置。

（3）复制月饼图层三次,并适当调整月饼位置。选中四个月饼图层,按快捷键[Ctrl]+[E]合并。此时效果如图 13.1.5 所示。

图 13.1.4　素材 2

图 13.1.5　嵌入图片

任务三　制作 LOGO

（1）新建图层重命名为"LOGO"，用形状工具绘制两个红色的圆形。

（2）新建图层重命名为"LOGO 1"，用形状工具绘制绿叶。

（3）选中两个 LOGO 图层，按快捷键［Ctrl］+［E］合并两个图层。对合并图层添加"描边"图层样式，设置颜色为白色，大小为 1 像素。

（4）用文字工具输入文字"GUOHUI"，字体为 Arial Black，字号为 11 点，颜色为白色。此时效果如图 13.1.6 右上角所示。将文件分别存储为"商场吊挂 POP–效果 1. psd"和"商场吊挂 POP–效果 2. psd"。

任务四　制作效果 1

（1）打开"商场吊挂 POP–效果 1. psd"。

（2）用文字工具在画面中间输入文字"中秋礼送"，设置文字字体为华文行楷，字号为 53 点，颜色为#9a2821。为图层添加"外发光"图层样式，设置外发光颜色为白色，扩展为 22%，大小为 29 像素。

（3）用文字工具在画面中下部输入文字"明月寄相思　果惠送真情"，设置文字字体为华康少女文字 W5，字号为 18 点，颜色为白色。为图层添加"描边"图层样式，设置描边颜色为#9a2821。效果如图 13.1.6 所示。

图 13.1.6　效果 1 添加文字

（4）用文字工具在画面的右下角输入"详见收银台海报"，字体为迷你简卡通，字号为 12 点，颜色为黑色。

（5）在图层 1 上新建图层并重命名为"叶子"，选好前景色和背景色，画笔笔尖形状为叶子，设置画笔颜色动态、形状动态，用画笔工具绘制叶子。效果 1 制作完成，最终效果如图 13.1.1 效果 1 所示。

任务五　制作效果 2

（1）打开"商场吊挂 POP–效果 2. psd"。

（2）用文字工具在画面中间分行输入文字"120"、"15"，颜色为白色，字体分别为方正超粗黑和方正琥珀，字号分别为 65 点和 72 点，颜色为白色。添加"描边"图层样式，设置描边颜色为# b43027，描边大小为 9 像素。

（3）用文字工具在画面中间输入文字"减"，颜色为白色，字体为汉仪书魂体简，字号 36 点，颜色为# b43027。添加"描边"图层样式，设置描边颜色为白色，描边大小为 5 像素。

（4）用文字工具在画面中间输入文字"现金"，颜色为白色，字体为汉仪书魂体简，字号 20 点，颜色为# b43027。添加"描边"图层样式，设置描边颜色为白色，描边大小为 3 像素。此时效果如图 13.1.7 所示。

图 13.1.7　效果 2 添加文字

（5）用文字工具在画面右侧输入竖排文字"明月寄相思　果惠送真情"，颜色为白色，字体为华康少女文字 W5，字号 14 点，颜色为# b43027。添加"外发光"图层样式，设置外发光颜色为白色，扩展为 22%，大小为 16 像素。

（6）在图层 1 上新建图层并重命名为"叶子"，选好前景色和背景色，画笔笔尖形状为叶子，设置画笔颜色动态、形状动态，用画笔工具绘制叶子。效果 2 制作完成，最终效果如图 13.1.1 效果 2 所示。

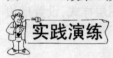
实践演练

项目 13.2　飞利浦剃须刀柜台展示 POP 广告

【效果展示】

飞利浦剃须刀柜台展示 POP 广告效果如图 13.2.1 所示。

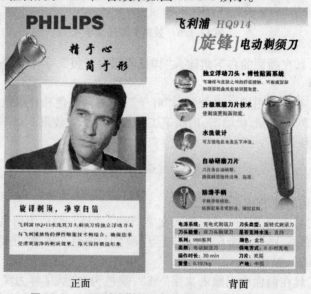

正面　　　　　　　　　　背面

图 13.2.1　飞利浦剃须刀柜台展示 POP 广告效果

【制作思路】

柜台展示 POP 是放在柜台上的小型 POP 广告，通常分为展示卡和展示架。本项目制作展示卡。展示卡的主要功能以标明商品的价格、产地、等级等为主,也可以简单地说明商品的性能、特点、功能等,文字以简短为好。

本项目制作飞利浦 HQ914 剃须刀柜台展示 POP 广告,在广告的正面,有商品的品牌信念及优点说明,并用图片上男子的自信眼光告诉用户飞利浦剃须刀值得拥有;在广告的背面,为了说明飞利浦 HQ914 剃须刀的特点,列出了它的优点、参数表。

在实现手法上,利用渐变填充工具制作广告正面背景,再利用文字工具制作广告的正面文字,利用文字工具、形状工具制作广告的背面。整张广告的色彩基调是银灰、淡蓝,彰显出品牌的高贵典雅,也符合男性审美观。

【制作过程】

任务一　制作广告正面背景

(1)新建一个 10 cm×18 cm,分辨率为 120 像素/英寸的文件。

(2)设置前景色为 10% 灰色,背景色为#8f9da9,用渐变工具径向渐变填充选区。

任务二　添加正面图形

(1)打开素材 1,如图 13.2.2 所示。用移动工具将图片拖到当前文件中部,适当调整图片大小、位置。

(2)新建一个图层并命名为"线条",在人物下面用矩形工具绘制一条灰色的框线条。为线条图层添加"斜面和浮雕"图层样式,设置深度为 62%,其余取默认值。

(3)打开素材 2,如图 13.2.3 所示。将剃须刀选中,拖入当前文件中并重命名该图层为"剃须刀",适当调整图片大小、位置。此时效果如图 13.2.4 所示。

图 13.2.2　素材 1

图 13.2.3　素材 2

(4)新建一个图层,在画面的下部绘制一个白色矩形。

(5)新建一个图层,在白色矩形区域的上部绘制一条灰色的线条。此时效果如图 13.2.5 所示。

任务三　制作正面文字

(1)用文字工具在画面上部输入文字"PHILIPS",字体为方正超粗黑,字号为 36 点,颜色为深蓝色。

(2)用文字工具在画面上半部分输入文字"精 于 心　简 于 形",字体为方正行楷,字号为 24 点,颜色为黑色。

(3)用文字工具在白色框上部输入文字"旋锋剃须,净享自信",字体为方正美黑,字号为 15 点,颜色为黑色。

(4)用文字工具在白色框中部输入文字"飞利浦 HQ914 水洗双刀头剃须刀将独立浮动刀头与飞利浦独特的弹性贴面技术相结合,确保您享受清爽洁净的剃须效果,每天保持

图 13.2.4 　正面图片

图 13.2.5 　绘制白色矩形

最佳形象。",字体为方正宋黑,字号为 9 点,颜色为黑色。广告正面制作完成,效果如图 13.2.1 所示。

任务四 　制作广告反面背景

(1)新建一个 10 cm × 18 cm,分辨率为 120 像素/英寸的文件。
(2)设置渐变色为浅灰色、白色到蓝绿色的渐变,用渐变工具线性渐变填充选区。

任务五 　添加反面图形

(1)打开素材 2,如图 13.2.3 所示。将剃须刀选中,拖入当前文件右侧中并重命名该图层为"剃须刀",适当调整图片大小、位置。

(2)复制剃须刀图层,执行"编辑|变换|垂直翻转"命令,向下移动剃须刀。为图层添加图层蒙版,对蒙版用渐变工具由下向上以从黑到白线性渐变。

(3)打开素材 3,如图 13.2.6 所示。用移动工具将图片中各个图片分别拖到当前文件左侧,适当调整图片大小,利用移动工具选项栏的"水平居中"和"垂直居中"分布按钮排列各图形位置。此时效果如图 13.2.7 所示。

图 13.2.6 　素材 3

图 13.2.7 　背面图形

任务六 制作反面文字

（1）用文字工具在画面上部输入文字"飞利浦"、"HQ914"、"［旋锋］"、"电动剃须刀"，字体为方正宋黑，斜体，"飞利浦"、"电动剃须刀"颜色为黑色，"HQ914"、"［旋锋］"颜色为蓝色，"飞利浦"和"电动剃须刀"字号为 23 点，"HQ914"字号为 20 点，"［旋锋］"字号为 33 点。

（2）用文字工具在画面中部输入文字"独立浮动刀头＋弹性贴面系统"、"可确保与皮肤之间的舒适接触，可根据面部和颈部的曲线自动调整角度。"、"升级双层刀片技术"、"使剃须更贴面彻底。"、"水洗设计"、"可方便地在水龙头下冲洗。"、"自动研磨刀片"、"刀片会自动研磨，确保剃须始终洁净、贴面。"、"防滑手柄"、"手柄带有棱纹，抓握起来非常舒适，操控自如。"，字体为方正大黑，小标题和所属内容字号分别为 12 点和 9 点，小标题和所属内容颜色分别为黑色和蓝色。效果如图 13.2.8 所示。

（3）用文字工具在下部输入文字"电源系统：充电式剃须刀 刀头类型：旋转式剃须刀 刀头数量：双刀头剃须刀 是否支持水洗：支持 系列：900 系列 颜色：金色 类别：电动剃须刀 供电方式：8 小时充电 操作时长：30 min 刀片：双层 重量：0.197 kg 产地：中国"，字体为方正大黑，字号为 10 点，冒号及冒号前文字颜色为黑色，冒号后文字颜色为蓝色。效果如图 13.2.9 所示。

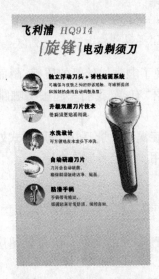

图 13.2.8 中部和上部文字

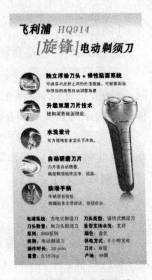

图 13.2.9 下部文字

（4）选中背景图层，新建一个图层，在画面的下部依据文字边框绘制一个白色矩形。然后在白色矩形框内画一个稍小的浅蓝色矩形框。

（5）新建一个图层，在浅蓝色矩形框内依据文字隔行绘制颜色稍深的蓝色框条及白色线条。最终效果如图 13.2.1 所示。

项目 13.3 咖啡壁面 POP 广告

【效果展示】

咖啡壁面 POP 广告效果如图 13.3.1 所示。

图 13.3.1 咖啡壁面 POP 广告效果

【制作思路】

壁面 POP 广告是商场或商店壁面上的 POP 广告形式。

本项目制作雀巢咖啡壁面 POP 广告。旋动的背景体现了咖啡如丝般的质感,画面中间一杯热气腾腾的咖啡更体现了雀巢咖啡的纯正。广告语"有空,我们一起去喝咖啡",体现了大家对雀巢咖啡的喜爱。

在实现方法上,利用极坐标滤镜和旋转扭曲滤镜制作旋涡状背景,利用图层样式处理咖啡真实效果,最后用画笔工具、涂抹工具添加气泡效果,用文字工具制作文字。

【制作过程】

任务一 制作背景

(1)新建一个 800 像素 × 600 像素,分辨率为 300 像素/英寸的文件。给背景图层上色,颜色参数:R 为 220,G 为 184,B 为 163。

(2)新建图层 1,用矩形选框工具按住[Shift]键,在透明图层中画出大小不一的竖条选区。选择渐变填充工具,选择铜色渐变,以径向渐变从左到右填充图层 1,按快捷键[Ctrl] + [D]取消选择。结果如图 13.3.2 所示。

(3)执行"滤镜|扭曲|极坐标|"命令,选择平面到极坐标。

(4)执行"滤镜|扭曲|旋转扭曲"命令,将图形旋转扭曲,设置角度为 176。结果如图 13.3.3 所示。

(5)将图层 1 复制,对图层 1 副本再次执行"滤镜|扭曲|旋转扭曲"命令,设置角度为 417。将图层 1 整体透明度改为 70% ,图层 1 副本透明度改为 30% 。

图 13.3.2　铜色渐变填充图

图 13.3.3　旋转扭曲效果

任务二　添加图形

（1）打开素材 1，如图 13.3.4 所示。将咖啡杯选中放入背景中，自由变换。给咖啡杯添加"投影"图层样式，设置角度为 90 度，距离为 10 像素，大小为 43 像素。

（2）新建图层，重命名为"气泡"。选择"画笔工具"，选择柔角画笔，设置其笔尖形状参数，如图 13.3.5 所示。在咖啡杯上绘制出气泡，效果如图 13.3.6 所示。再将气泡图层的整体透明度改为 70%，并用涂抹工具对气泡适当地涂抹，效果如图 13.3.1 所示。

图 13.3.4　素材 1

图 13.3.5　设置笔尖形状

（3）再分别建 3 个图层为咖啡周围做美化效果，用"画笔工具"适当点上一些光晕，并更改各个图层的透明度。效果如图 13.3.7 所示。

（4）选中咖啡杯里的咖啡，执行"图像|调整|色彩平衡"命令，将咖啡颜色调成棕色。效果如图 13.3.7 所示。

任务三　制作文字

（1）选择文字工具在画面的下部输入文字"有空，我们一起去喝咖啡"，字体为华康少女文字，字号为 14 点，颜色为白色。为图层添加"描边"图层样式，设置描边颜色为深棕色，大小为 4 像素。

（2）选择文字工具在画面的右上角输入文字"NESCAFE"，字体为 Arial Black，设置文字字号分别为 6 点和 4 点，颜色为白色。

图 13.3.6　气泡效果

图 13.3.7　插入图形

（3）选择文字工具在画面的右上角输入文字"雀巢咖啡"，字体为方正宋黑，字号为 5 点，颜色为白色。

（4）新建图层，用矩形工具在文字"NESCAFE"的上面画一条横线，在文字的右边画一点。壁面 POP 制作完成，最终效果如图 13.3.1 所示。

项目 13.4　美容院地面立式 POP 广告

【效果展示】

美容院地面立式 POP 广告效果如图 13.4.1 所示。

图 13.4.1　美容院地面立式 POP 广告效果

【制作思路】

地面立式 POP 广告是置于商场（商店）地面上或商场外的空地上的广告体。地面立式 POP 广告是完全以广告宣传为目的的纯粹广告体，其高度一般超过人的高度。

本项目制作美容院地面立式 POP 广告,背景中弧形线条使画面颇具时尚感,女郎的皮肤细腻白嫩,体现了美容院的产品功效,画面中的精油、特色项目介绍及优惠项目看起来都很吸引人。画面右上角是美容院的 LOGO,中间是十周年店庆的优惠措施,下面是特色项目介绍。整个广告设计层次分明,信息简单清楚,设计独特,颇具女人味,让人过目不忘。

在制作实现方法上,利用渐变工具、钢笔工具、图层蒙版处理背景,利用仿制图章工具、橡皮擦工具、移动工具等处理嵌入图片,利用文字工具制作文字。

【制作过程】

任务一　制作背景

(1)新建一个 4 cm×7.5 cm,分辨率为 300 像素/英寸的文件。将背景图层填充为白色。

(2)新建图层 1,设置前景色为#ede3d8,背景色为#c9a478,前景色到背景色径向渐变填充图层 1。

任务二　插入图形

(1)切换到路径面板,新建路径,用钢笔工具在画面左上角绘制路径,如图 13.4.2 所示。将路径转化为选区。

(2)保持选区,切换到通道面板,新建通道 Alpha 1 通道,将选区填充为白色。选择矩形选取工具,在通道中绘制矩形条,并填充为黑色。此时通道如图 13.4.3 所示。点选 RGB 通道,按[Ctrl]键,同时单击 Alpha 1 通道图标载入通道选区,切换到图层面板。

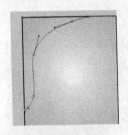

图 13.4.2　绘制路径

图 13.4.3　通道效果

(3)打开素材 1,如图 13.4.4 所示。全选花瓣图形,按快捷键[Ctrl]+[C]复制。切换到当前文档,执行"编辑|贴入"命令,适当移动花瓣的大小及位置,重命名该图层为"造型"。此时图像如图 13.4.5 所示。

图 13.4.4　素材 1

图 13.4.5　背景造型

（4）打开素材2，如图13.4.6所示。选取人物，拖移到当前文档下部，重命名图层为"人物"，将图层拖移到造型图层的下面，适当调整人物大小、位置。

（5）处理人物的头发。选择仿制图章工具，设置好笔尖大小及形状，按[Alt]键，同时单击定义仿制点，拖动图章工具进行仿制。此时效果如图13.4.7所示。

图13.4.6 素材2

图13.4.7 插入人物图片

（6）打开素材3，如图13.4.8所示。选取花瓣，拖移到当前文档人物背部重命名图层为"花瓣"，适当调整花瓣大小、位置。

（7）打开素材4，如图13.4.9所示。选取瓶子，拖移到当前文档花瓣上，适当调整瓶子大小、位置。此时效果如图13.4.10所示。

图13.4.8 素材3

图13.4.9 素材4

任务三 制作文字

（1）制作LOGO。用文字工具在画面右上角输入文字"AIMEI"，字体为方正综艺，颜色为红色，字号为5点。用文字工具在画面右上角输入文字"艾美"，字体为方正综艺，颜色为红色，字号为4点。效果如图13.4.11所示。

（2）用文字工具在画面上部输入文字"十周年店庆"，字体为华文行楷，字号为16点，颜色为白色。为图层添加"描边"图层样式，设置描边大小为5像素，颜色为深棕红色。

（3）用文字工具在画面上部输入文字"会员招募"，字体为华文行楷，字号为11点，颜色为深棕红色。为图层添加"描边"图层样式，设置描边大小为3像素，颜色为白色。

（4）用文字工具在画面的中部输入文字"办理"、"会员卡"，字体为华文行楷，字号为

图 13.4.10　插入图片

图 13.4.11　制作部分文字

8 点,颜色为深棕红色。

　　(5)用文字工具在画面的中部输入文字"2000 元",字体为汉仪书魂体简,字号为 13 点,颜色为白色。为图层添加"描边"图层样式,设置描边大小为 5 像素,颜色为深棕红色。

　　(6)用文字工具在画面的中部输入文字"送半年玫瑰花精油护理价值 2500 元"、"再送一疗程水润美白价值 1200 元",字体为文鼎中特广告体,字号为 5 点,颜色为深棕红色。在该文字图层下新建图层,用多边形套索工具依据文字轮廓绘制选框,填充白色,将图层不透明度改为 40%。复制花瓣图层,将花瓣副本移动到最顶层,适当变换大小,放置在文字前。对花瓣副本再复制一次,并移动花瓣位置。将两个花瓣副本合并。此时效果如图 13.4.11 所示。

　　(7)用文字工具在画面的中部输入文字"特色项目",字体为华文行楷,字号为 7 点,颜色为白色。为图层添加"描边"图层样式,设置描边大小为 3 像素,颜色为深棕红色。

　　(8)用文字工具在画面的中下部输入文字"面部刮痧排毒术"、"头部芳香 SPA 疗法"、"内分泌重建疗法",字体为文鼎中特广告体,字号为 5 点,颜色为深棕红色。在该文字图层下新建图层,用多边形套索工具依据文字轮廓绘制选框,填充白色,将图层不透明度改为 60%。

　　(9)复制花瓣图层,将花瓣副本移动到最顶层,适当变换大小,放置在文字前。对花瓣副本再复制两次,并移动花瓣位置到文字前。将三个花瓣副本图层左对齐、垂直居中分布,最后合并。项目制作完成。最终效果如图 13.4.1 所示。